大国工人

中国制造崛起的资本

张兆桂 马广文 孙法平 ◎ 编著

DAGUO GONGREN

人民日报出版社
北京

图书在版编目（CIP）数据

大国工人：中国制造崛起的资本／张兆桂，马广文，孙法平编著. —北京：人民日报出版社，2019.12
ISBN 978-7-5115-6282-1

Ⅰ.①大… Ⅱ.①张…②马…③孙… Ⅲ.①职业道德－研究－中国 Ⅳ.①B822.9

中国版本图书馆 CIP 数据核字（2019）第 279050 号

书　　名：	大国工人：中国制造崛起的资本 DAGUOGONGREN：ZHONGGUOZHIZAO JUEQI DE ZIBEN
作　　者：	张兆桂　马广文　孙法平
出 版 人：	董　伟
责任编辑：	刘天一
封面设计：	陈国风
出版发行：	人民日报出版社
地　　址：	北京金台西路2号
邮政编码：	100733
发行热线：	（010）65369527　65369846　65369509　65369510
邮购热线：	（010）65369530　65363527
编辑热线：	（010）65369844
网　　址：	www.peopledailypress.com
经　　销：	新华书店
印　　刷：	北京柯蓝博泰印务有限公司
开　　本：	710mm×1000mm　1/16
字　　数：	186 千字
印　　张：	13.75
版次印次：	2020 年 1 月第 1 版　2020 年 1 月第 1 次印刷
书　　号：	ISBN 978-7-5115-6282-1
定　　价：	49.80 元

前言 Preface

近些年，中国制造业迅速发展，已成为当之无愧的制造业第一大国。在全世界500多种主要工业产品中，我国有220多种产量位居世界第一。但是随着数字经济时代的到来，以云计算、大数据、移动互联网、物联网和人工智能等为代表的新技术的飞速发展，我国制造业原有的传统模式遭遇极大的挑战，可以说是被迫处于转型升级的非常时期。制造大国并不表示我们就是制造强国。许多产品我们只是制造而无创新与开发能力，据麦肯锡的数据显示我国制造业生产力水平只有西方发达国家的四分之一；从世界品牌实验室2015年发布的统计数据来看，在"世界品牌500强"中，中国企业仅约占百分之六；迄今为止中国汽车工业所掌握的核心零部件技术还不到20%。这一切都说明，中国要想成为真正的世界制造业强国，还需要不断努力，积极创新，不断学习，提升技术与开发能力。而这些，都是需要我们工人来做的。

自古以来，我国的工人就是一个庞大且团结的队伍，他们用高度的热情与无限的爱国精神谱写了中国制造业的光辉历史。近些年更是有无数爱国工人为了推动我国制造业的发展做出了巨大贡献。比如，管延安，以匠人之心追求技艺的极致，让海底隧道成为他实现梦想的平台；高凤林，"火箭发动机焊接中国第一人"，很多企业试图用高薪聘请他，甚至有人开出几倍工资加两套北京住房的诱人条件都被他拒绝；捞纸大师周东红，30余年来始终保持着成品率100%的记录，他加工的纸也成为著名画家及国

大国工人：
中国制造崛起的资本

家画院的"御用画纸"；胡双钱，在中国新一代大飞机 C919 的首架样机上，有很多都是他亲手打磨出来的"前无古人"的全新零部件；孟剑锋，近百万次的精雕细琢，雕刻出令人叹为观止的"丝巾"；张冬伟，焊接质量百分百的保障，外观上几乎完美无缺；宁允展，CRH380A 的首席研磨师，是中国第一位从事高铁列车转向架"定位臂"研磨的工人，被同行称为"鼻祖"；顾秋亮，全中国能实现精密度达到"丝"级的只有他一个等等。"神舟"系列航天飞船成功发射；"蛟龙号"载人潜水器研制成功；ARJ21 新型支线客机交付商用；长江三峡升船机刷新世界纪录；多轴精密重型机床等产品已跻身世界先进行列……无数成功的事例表明，有了不一样的工人，就有不一样的成绩。他们的岗位都是平凡的，他们的工作都是细碎而枯燥的，但是他们凭着高度的热情与敬业精神，凭着对祖国的热爱与责任担当，几十年如一日，坚持着、奉献着，最终做出了世人难及的平凡而伟大的事业。

平凡往往孕育着伟大。一线工人虽然做着最平凡也最辛苦的工作，但他们也肩负着使中国制造业强大的重任。在他们心中，爱岗敬业是常态，踏实勤奋是本能，努力创造是责任。他们不为名而业，不为利而逐，"使我们国家的制造业进入世界强国"是他们的志愿，也是他们的目标。他们是平凡的，也是伟大的。正是有了这样无私的工人，我国的制造业才取得如此长足的进步，也正是有了他们，我们才有崛起中国制造精制的信心，他们是中国制造业的资本，也是中国制造业的希望。

目录 Contents

第一章　中国制造新时代，呼唤时代新工人

> 一个国家是否发达，是否强大，在于它的制造业是否位于世界前列。时代交替，万物更新。中国的制造业正处于由手工转为智能，由传统向新时代转型升级的重要时期，要挑起制造业大梁，中国工人应该当仁不让。新时代要求我们工人不再是以出卖劳动力为工作方式，而是要成为既会动手还会动脑，引领世界制造业发展的主力军，这是时代需要，也是工人的责任与义务。

1. 中国工人，中国制造业的希望和底气　／3
2. 传统制造业的辉煌，离不开一线工人的奉献　／6
3. 中国制造崛起，是当代工人的使命和责任　／9
4. 制造业转型升级，工人先要转型升级　／12
5. 重树新时代工人形象，担起时代使命　／15

第二章　提升职业素养，高素质工人奠定中国制造业的厚实基础

> 爱岗敬业，忠于职守，这是所有职业人都应该做到的。作为一名大国工人，我们的形象就是中国的形象，我们的职业素养决定中国制造业的发展与地位。无论何时何岗，我们都不能忘记，我是中国工人，我的责任是为中国制造业的崛起而努力。

1. 诚实守信，树立大国工人的诚信品牌 / 23
2. 正直善良，展现大国工人的端正品行 / 27
3. 忠诚敬业，谨守职业操守 / 30
4. 热爱本职工作，干一行爱一行 / 34
5. 纪律严明，一切行动听指挥 / 37
6. 团结协作，顾全大局 / 42

第三章　改变思维方式，用互联网思维引导开启制造业新时代

> 新时代有新契机，当互联网进入千家万户的时候，制造业也不例外地进入到互联网时代，新时代的工人除了发扬和传承历代工人的创造精神，还要改变思维方式，适应社会潮流与发展，将我国制造业引领到一个全新的网络时代，使产品更高端，制造更先进。

1. 互联网+时代的制造业与互联网思维 / 49
2. 用户思维：制造的根本是为用户服务 / 51
3. 粉丝思维：从客户的角度去制造 / 54
4. 专注思维：集中精力做精品 / 58
5. 极致思维：制造出极致完美的产品 / 60
6. 创新思维：让产品在迭代创新中越来越好 / 63

第四章　端正工作态度，一线工人的态度决定制造业的高度

> 时代无论如何变化，中国人朴实、善良与勤劳的根本不会变，工人团结、奉献与爱国的初心不会变。担起制造业崛起的大任，勤勤恳恳，兢兢业业，无私奉献是我们工人的本质，是大国工人的态度。也正是这种态度，决定了我国制造业发展的速度与高度。

1. 抛弃所有借口，担起岗位责任 / 69

2. 一丝不苟，认真才能做出精品　　　/ 73
3. 踏踏实实，不摆"花架子"　　　/ 76
4. 勤勤恳恳，把努力和勤奋作为自己的座右铭　　　/ 79
5. 乐于奉献，不计较付出　　　/ 83
6. 甘当老黄牛，像劳模一样努力　　　/ 87

第五章　淬炼专业技能，精湛的技艺是制造业崛起的强大保证

> 光说不练是假把式。任何一种本领都不是轻易得来的，它需要长期的练习与坚持不懈的努力。即便是一个小岗位上的小程序，只要肯下功夫，就能练就真本领，就能成为他人望尘莫及的高端技术。制造业的特点不在于你行行都会，而在于你精于某一项。专业技能是法宝，更是让世人仰望中国的真功夫。

1. 技艺精湛的工人是制造业发展的重要力量　　　/ 95
2. 以修行的心态用心练习技艺　　　/ 100
3. 修习"一万小时"，才有叹为观止的技艺　　　/ 104
4. 肯下"笨"功夫，练就真本领　　　/ 106
5. 专心致志，因为专注所以专业　　　/ 111
6. 持续提升，把微末之技练成世界第一　　　/ 115

第六章　传承工匠精神，以传统匠心打造现代工业精品

> 何为工匠？全身心投入，精益求精、一丝不苟的完成整个工序的每一个环节，有工艺专长的匠人，我们称其为工匠。他有两大特点，一是有专长，二是精益求精。工匠容不得半点瑕疵，工匠看不惯凑合，工匠更是不喜欢劣质。用匠心对待工作，用匠心完成工作中每一个细节，用匠心打造每一件产品，我们的制造业就一定会告别低端而落后的时代。

1. 打造工业精品，最需要纯粹的匠心 / 123
2. 传承工匠的耐心、细致和执着 / 126
3. 工匠的字典里从来没有"凑合" / 131
4. 摒弃浮躁，慢工更能出细活 / 134
5. 雕琢每一个细节，不允许半点瑕疵 / 138
6. 不怕付出，但求产品的完美、更完美 / 142
7. 把工匠精神渗透到工作的每一个环节 / 145

第七章　驱动变革创新，让"中国制造"向"中国智造"完美转身

> 不管什么行业，只有不断创新，才能始终立于不败之地。创新具有神奇的力量，它可以让濒临死亡的企业起死回生，它可以让默默无闻的人一夜之间家喻户晓。要想将"制造"与"智造"融合，唯一办法就是不断创新。创新技术、创新思维、创新方法、创新理念，无论哪种创新，我们的目标都是让制造大国变成制造强国。

1. 制造业是领跑还是落后，关键在于创新 / 151
2. 突破制造业的瓶颈，必须依靠创新 / 155
3. 原创的力量，让中国制造摆脱"山寨" / 159
4. 多在质量上创新胜过在形式上"玩花样" / 162
5. 提高创新洞察力，提升创新智商 / 166
6. 培养创新思维，让"制造"向"智造"转型 / 172
7. 掌握创新方法，把岗位作为创新的舞台 / 178
8. 发扬创客精神，持续创新 / 182

第八章　不断学习进取，推动中国制造走向世界最前列

> 从个人到企业，从企业到国家，要想进步，就要不断地学习。世界上没有一劳永逸的事情，也没有一成不变的工作方式与

> 方法。世界始终在进步，要适应这种进步，我们就要不断的学习。新时代的工人既要拥有全新的理论知识，还要具有过硬的操作能力；既要懂得发明创造，还要善于学习他人。这样的工人才是新时代合格的工人，才能引领世界制造业，才能让中国的制造业走出国门，走向世界。

1. 善于学习，掌握前沿知识　　/189
2. 对标世界先进制造技术，虚心学习　　/193
3. 盯紧前沿知识，突破技术瓶颈　　/195
4. 深入钻研，改进现有工艺　　/198
5. 引入最新科技，开发新产品　　/201
6. 探索制造新技术，推动中国制造走向世界最前列　　/203

参考文献　　/207

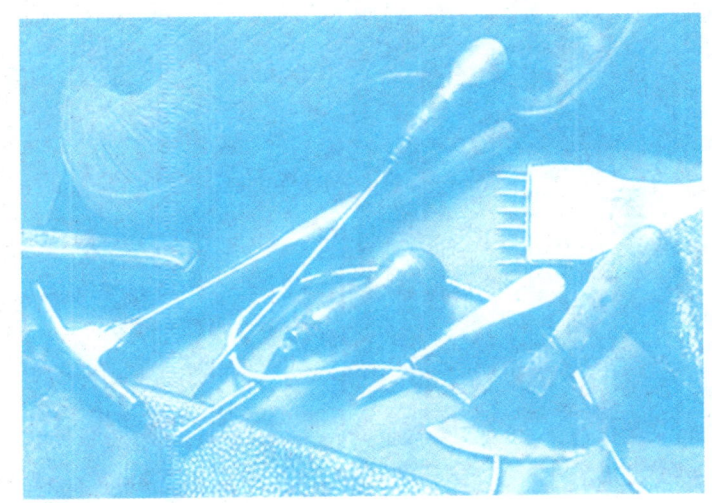

中国制造新时代，呼唤时代新工人

  一个国家是否发达，是否强大，在于它的制造业是否位于世界前列。时代交替，万物更新。中国的制造业正处于由手工转为智能，由传统向新时代转型升级的重要时期，要挑起制造业大梁，中国工人应该当仁不让。新时代要求我们工人不再是以出卖劳动力为工作方式，而是要成为既会动手还会动脑，引领世界制造业发展的主力军，这是时代需要，也是工人的责任与义务。

1.

中国工人，中国制造业的希望和底气

工人，古称"匠人"。现代社会把不占有生产资料、依靠工资为生的工业劳动者或手工劳动者称为工人。制造业是指机械工业时代对制造资源，按照市场要求，通过制造过程，转化为可供人们使用和利用的大型工具、工业品与生活消费产品的行业。制造业直接体现了一个国家的生产力水平，是区别发展中国家和发达国家的重要因素，制造业在世界发达国家的国民经济中占有重要份额。在我国，制造业是工业的主体，是国民经济的重要支柱，也是我国经济增长的主导因素。而制造业的发展需要依靠工人的力量，可以说，中国制造业的希望与底气都来自于中国工人的力量与创造。

世界各个国家国际地位的变迁，说到底还是由工业实力所决定的。没有强大的工业就没有经济的持续繁荣，没有经济繁荣，就无力角逐世界之强。所以随着时代的发展，制造业再次成为全球竞争的焦点。中国制造业的发展，是一部艰难史，也是一部传奇史。1984年，我国首次发布《国民经济行业分类和代码》，工业行业中仅有化工、机械、食品、纺织等13个大类行业；如今，我国制造业覆盖了国际标准行业中制造业大类所涉及的24个行业组、71个行业和137个子行业，成为全球制造业体系最为完整的国家。1992年至1998年，中国制造的产能迅速提升，满足老百姓吃穿用的制造行业已能满足基本消费需求，以食品、服装、家电产业发展最为突出。1998年，中国提出制造企业要转型升级，汽车成为消费新需求，也因此成为要重点发展的行业。于是，中国制造业开始由服装、饮料、家电为主的轻工业向重工业转型。

从无数数据中我们可以看出，从一个弱国到世界不敢小视的制造业大国，中国制造业已经站到了"由大变强"新的历史起点上。我们不再是他国可以小觑落后的国家，我们也不再是他们轻易敢于嘲笑的对象，我们是他们的竞争对手，是他们某些方面学习的榜样。工人不再是普通定义上的劳动者，他们承载着中国在世界上地位的重要使命。

制造业是立国之本、兴国之器、强国之基。十八世纪中叶开启工业文明以来，世界强国的兴衰史和中华民族的奋斗史一再证明，没有强大的制造业，就没有国家和民族的强盛。打造具有国际竞争力的制造业，是我国提升综合国力、保障国家安全、建设世界强国的必由之路。如今，中国制造的商品在世界各地都有分布，我们已经站在了世界竞争队伍之首，而这一切，都离不开中国工人。

杨建华，一个只有初中文化程度的普通工人，荣获了国家科技进步大奖，他被称作"中国焊接机壳拼装制造第一人""2007年1月8日，这是我永生难忘的一天，作为中国工人的代表，凭借离心压缩机、鼓风机机壳拼装技术，我摘取了2007年度国家科技进步奖二等奖，并得到了党和国家领导人的接见。"2007年1月9日，正在北京参加会议的沈阳鼓风机集团公司透平公司结构车间工人杨建华，在接受笔者电话采访时非常兴奋。国家科学技术奖励大会1月8日在北京举行，颁布了2007年度国家科学技术奖获奖人选和项目。会上，作为中国焊接机壳拼装第一人的沈阳鼓风机（集团）有限公司的高级技师杨建华喜捧国家科学技术进步二等奖。

曾为全国及省市劳动模范、沈阳市岗位技能带头人、铆工技术大王、企业"工人专家"的杨建华，从1992年起，历经15

年，在既没有国内外的资料可借鉴和参考，又没有制造经验和操作方法可应用的情况下，创造了离心压缩机和大型鼓风机机壳拼装制造技术。这种拼装技术因大大提高了国内离心压缩机和鼓风机制造技术水平，使沈鼓产品替代进口产品的能力进一步增强。目前，采用杨建华拼装技术，沈鼓已制造 800 余台离心压缩机和鼓风机，仅替代进口产品一项就为国家节省 6 亿多美元的外汇。此外，又因为沈鼓产品大多用于国内石油化工行业，杨建华拼装技术为中国石化产业安全提供了保障。专家评价，杨建华拼装技术实现了我国风机行业的重大工艺革命，填补了国内空白。

"与国家顶级科学家同台，这是对我们工人最大的鼓舞。技术创新，不仅是科学家的事，也是我们工人的事。今后，我要通过沈鼓劳模技师协会等组织到工人中推行技术创新，为提高中国工业技术创新水平而更加努力地工作。"杨建华满怀激情地说。

据了解，这项技术替代了传统的铸造机壳技术，使离心压缩机和鼓风机的合格率达到 100%，机壳表面质量更高，制造周期更短。以一个 20 吨的机壳为例，用传统的铸造技术需要 4 个月才能完成，用杨建华的拼装技术 20 天就能完成。

创新与发明不仅是科学家的事，产业工人通过努力钻研，也能擦亮"中国制造"的招牌。这是工人的心声，也是制造业的现实。然而中国制造业的前景并不容我们有丝毫懈怠，我们正面临"前后夹击"之势，前头是一些西方发达国家重新重视制造业，在加速"制造业回归"和"再工业"；后面是一些其他发展中国家以比中国更低的劳动生产成本，承接制造业的转移。

举世公认，今天的中国是一个制造业大国，而最一线的制造业工人，正承载着中国制造的希望。据统计，中国从事制造业的人员高达 2 亿多，这是一个世界上任何国家都无法企及的数字，有了这样一个庞大的队伍加

上中国人素来拥有的勤劳与智慧,他们就是中国制造业的希望,他们就是中国立于世界之巅的底气。

传统制造业的辉煌,离不开一线工人的奉献

2015年3月5日,李克强在全国两会上作政府工作报告时首次提出"中国制造2025"的宏大计划。《中国制造2025》提出,坚持"创新驱动、质量为先、绿色发展、结构优化、人才为本"的基本方针,坚持"市场主导、政府引导、立足当前、着眼长远、整体推进、重点突破、自主发展、开放合作"的基本原则,通过"三步走"实现制造强国的战略目标:第一步,到2025年迈入制造强国行列;第二步,到2035年中国制造业整体达到世界制造强国阵营中等水平;第三步,到新中国成立一百年时,我制造业大国地位更加巩固,综合实力进入世界制造强国前列。是什么人撑起了中国制造业大国的美誉?是改革开放四十年以来奋斗在一线的无数工人。是他们无私的奉献与坚守成就了制造业的辉煌;是他们的力量让中国站在世界制造业的行列,也是他们让中国人坚定地朝着《中国制造2025》的目标迈进。因为处在生产第一线,对工序、用材和操作技术都十分了解,一线工人有了更多的革新与创造发明的机会。有数字统计,在传统制造业创新与发明项目中,至少有三成来自于一线工人。

在近千片的发动机叶片中,能否掌握叶片的精密磨削技术最为关键。作为一线产业工人,中国航发沈阳黎明航空发动机有限

责任公司首席技师洪家光，带领团队攻坚克难，最终掌握了核心技术，并且获得国家科技进步二等奖。2018年洪家光荣获全国五一劳动奖章，他自言"这是一个不一样的劳动节"，这是奖励给产业工人的最高荣誉，感觉既光荣又伟大。

  洪家光来到北京参加了庆祝"五一"国际劳动节暨"当好主人翁，建功新时代"劳动和技能竞赛推进大会，获得了全国五一劳动奖章并且发言。同时他还作为颁奖嘉宾，参加了"全国最美职工"颁奖典礼。洪家光告诉记者，自己马上就回到单位上班了。从1998年参加工作，经过勤学苦练、创新进取，洪家光已成为享受国务院特殊津贴的中国航发集团首席技能专家，并拥有7项国家发明和新型实用专利。

  在以"中国制造2025"为己任的重担下，洪家光成为航空发动机上的"皇冠上的明珠"。由于长期以来，发动机叶片的滚轮精密磨削技术始终处于瓶颈状态，如何突破叶片磨削用高精度超厚金刚石滚轮制造技术尤为关键。对此，洪家光主动率领团队攻坚克难，在经历了5年多时间，超过1500多次的尝试后，洪家光团队研发出成熟的航空发动机叶片滚轮精密磨削技术，为数控化制造和批量生产打下坚实的基础。这项技术的突破，让洪家光获得了国家科技进步二等奖。洪家光自言，受到知识积累的限制，在技术创新上，自己要特别下功夫钻研。在生产线上，产品制造会在实际投产中遇到哪些缺陷，洪家光要第一时间记录下来。随后需要不断在工作中的专心钻研，克服理论薄弱和研究的难关，不断进行实验，才能逐渐弥补自身短板。学习上利用大量业余时间，洪家光往往直到深夜凌晨才睡觉，就是为了不断地学习专业知识。他自学了发动机的空气力学等多门学科，一步步从门外汉走进专业知识的殿堂，还请教许多专家学者，不断攻坚克难。

  就在领取国家科技进步二等奖时，还有专家惊讶洪家光是来自于一线产业工人。对此,洪家光表示,在工作中一定要多学习、取长补短,只有不断学习别人的长处,才能弥补自己的不足之处。"我觉得唯有这样做,才能让自己从一名普通工人成长为真正的大国工匠。""多发掘多注意一些需要改进的地方,尝试小发明、小创新、小改造,也更好地提升自己的生产效率和质量。"

近30年的一线产业经历,洪家光从入门车工到技术能手,再到大国工匠。对我们年轻产业工人,洪家光也嘱托说"希望年轻人多学习,认认真真地学技术,脚踏实地做工作,同时不断培养创新意识,结合技术和方式方法,在自己的岗位上一定会得到锻炼和提升的。"

千千万万个一线工人的努力,换来了我国制造业的飞速发展。今天的中国,已经受到全世界的关注。尤其是近些年中国的高铁制造业发展速度超乎想象,一次又一次让全世界震惊。这些成绩除了专家的努力,更离不开一线工人的奉献。

玉海龙、林春泷、钟世雄是第43届世界技能大赛团队制造挑战赛冠军,代表中国技术工人,站上了世界技能竞赛的最高领奖台,实现了我国在该项目上奖牌零的突破。

制造团队挑战赛项目,是此次大赛50个项目中唯一的3人团队项目。玉海龙说:"比赛涉及设计、加工制造、装配调试3个领域,难度最大,奖牌含金量最高,在比赛中,三人的团结协作很重要,我负责设计,林春泷负责绘图、制图,钟世雄负责综合,包括钣金、铣工、车床等好多工种,因为我们制造的叉车重量轻、性能稳、造价低,获得了冠军。"

一线工人是个辛苦的岗位,他们处在最基层,做着高层员工无法想象的脏活、累活。他们可能风吹日晒,他们有可能为了赶制某一个零件而加班通宵;他们也有可能划伤手指,有可能被机械绞到;他们可能拿着业内最低薪水,却做着不平凡的贡献……一线工人会有不满,会有想退出的念头,但更多人却是在岗位上一干就是几年或者几十年。他们是卫士,始终坚守岗位;他们是卑微的,甚至有人瞧不起他们的职业,但他们又是伟大的,因为有了他们,中国的制造业才会蒸蒸日上,不同凡响。

 3.

中国制造崛起,是当代工人的使命和责任

当前,中国制造业发展不平衡不充分的问题凸显,落后产能过剩、排放高、创新力不强,基础核心技术与创新设计能力薄弱,发展质量和效益还不高。中国制造业总体上处于全球制造业、产业链、价值链的中低端。加快质量、效率、动力的变革,让"中国制造2025"的宏伟目标得以实现,是当代中国工人的责任和使命。工人是制造业的主体,不论是创新、提升质量、加快效率还是节能,这些都需要工人们来创造,来实现。

王军是宝钢技能专家,2007年度国家科技进步二等奖、2013年度上海市科技进步二等奖和2016年度国家科技进步二等奖获得者,享受国务院特殊津贴,荣获"全国技术能手"和"全国劳动模范"等荣誉称号,申报国家专利208项、宝钢技术秘密认定42项和PCT(专利合作协定)国际专利授权8项,国内外发明展获奖35项、金奖18项,诸多创新成果替代进口并达到国际先进水

平,近5年创直接经济效益6亿元以上。

同普通工人一样,王军也是从一般操作工起步的。1987年,他从宝钢技工学校毕业,在热轧厂当一名剪刃组装工。具有进取心的王军并没有满足于手捧"铁饭碗"、朝九晚五的生活模式,而是每天早早赶到车间,有活干活,没活跟着外方专家后面问这问那,喜欢多问一个"为什么"。不断的提问、不断的解惑,使他感受到:即使是当时最先进的技术,也会存在不合理的地方,而这无疑增加了生产的时间和成本。恰如王军所说:"给我的启示是再先进的技术也有可以优化的地方。"而这些"可以优化的地方"为王军"创造性劳动"提供了巨大空间,他和他的团队如今已拥有679项专利,创经济效益超8亿元。

王军三大类创新项目之一的"层流冷却关键装备技术"解决了一个世界级行业难题。传统工艺已不能完全满足高品质钢板的质量和精度要求,王军历时10年,完成了"高成材率节能环保热轧层流冷却成套技术装备"1~4代的研发。该项目在节能和环境保护方面效果显著,平均提高热轧带钢成材率0.8%、节水36%、节电25%以上。项目成果全面应用几年来,设备运行稳定、可靠,累计创造直接经济效益5.15亿元,至今已获得国家发明专利授权28项、国际专利授权6项、国家发明金奖2项、国际发明金奖1项等。该项目具有完全自主知识产权,彻底改变了以往此类核心装置长期依赖进口或仿制外国产品的局面,实现了由空白到国际领先水平的跨越式提升。

"再先进的技术也有可以优化的地方",只要愿意,总能在工作中不断提升能力。他是中国制造业内的蓝领科学家。正是把责任扛在肩上,把使命烙在心里,才会有如此多的成就,才会有甘于付出,一心奉献的精神。

55岁的老胡是上海飞机制造厂里年龄最大的钳工。在3千平米的现代化厂房里，胡双钱和他的钳工班组所在的角落并不起眼，但是打磨、钻孔、抛光，对重要零件细微调整，这些大飞机需要的精细活都只能手工完成。

　　航空工业，要的就是精细活。大飞机零件加工的精度，要求达到十分之一毫米级别。胡双钱的手因为长期接触漆色、铝屑，已经有些发青，经他的手制造出来的零件被安装在近千架飞机上，飞往世界各地。至今，胡双钱已经在钳工岗位上工作了35年。他经手的零件几十万个没有出现过一次质量差错。在长期的严谨实践中，他还发明了"反向验证"等一系列独特工作方法，确保每一个零件、每一个步骤不出差错。他说："干活做人要凭良心，飞机事关人命，不能有任何马虎大意。"

　　从普通一线工人到知名技能专家，从攻克技术瓶颈到步入行业领先水平，从担当企业责任到肩负国家使命，这是一条艰辛而漫长的路，走得累，走得苦，但走得稳，走得实。"干活做人都要凭良心"。朴实的话，其实是对一个制造业工人最完美的陈述。让一切"中国制造"都无懈可击，让所有"中国制造"都极致完美。想得到就要做得到，让机器的每个零件在手中变成工艺品，让每次进步都成为无可挑剔的成功。这不仅是大国工人的最终目标要求，也是正待崛起的制造业的责任和使命。很多人之所以碌碌无为，并非因为才智不足又或是生不逢时，恰恰是缺乏把工作当成使命、当成信仰和毕生追求的理想之火，因此让整个职业生涯也黯淡无光。对我们每个职场人来说，想要成就一番事业，想要站在自己行业的制高点上甚至成为丰碑，我们唯有把工作当成使命，当成信仰，穷其一生去追求。制造业是强国之基，决定制造业能不能真正崛起的，正是站在最前沿的新时代工人。

4.

制造业转型升级，工人先要转型升级

制造业转型升级的根本在于从价值链低端转向中高端，在于提高产业发展的质量和效益，而提高产业发展质量和效益的根本在于提高劳动生产率和全要素生产率，在于创新要素质量的全面提升和结构优化。制造业转型升级离不开智能制造，机器换人会出现在各种制造场景和生产线上，很多人工操作的动作被机器取代势在必然。在此进程中，企业需要适应于智能制造的新技术工人，也就是说，制造业转型升级，要先有工人的转型升级作铺垫。工人是制造业的关键，没有高端人才，没有高端技术，制造业的转型就是说空话、大话。这个时代是每天都在改变，每天都在革新，改变已经是常态。任何一份职业都不存在一劳永逸，都需要改进，转型和革新。

"没有什么东西是靠卖出来的，而是靠制造出来的"。制造出来的产品是消费者需要且喜欢的，自然就能卖得好，但质量没有保证的产品，再怎么想办法，还是不会有销路。这就是质量至上的时代，一切都需要靠质量说话。而高质量的产品需要高水平的员工来制造，所以，再以老方法，老思想来制造，是肯定行不通的。

传统工人虽然具有丰富的实践经验与较高的操作技术水平，但是专业理论知识远远不够，虽然他们有可能身怀绝技，但是随着企业引进的新设备越来越多，越来越广，他们在新的机器面前发挥不出力量，更没有创新的可能。目前企业在生产加工中越来越多的使用数控设备，这就要求工人不仅要有丰富的实践经验，而且要熟悉计算机的程序语言，掌握程序编写的方法，能够发现、纠正程序中的错误，还要了解设备性能，熟悉加工方法，懂得工艺规范，一些传统工人是不具备这些能力的。由此看来，现代制造技术对工人的任职资格提出越来越高的要求，面对新形势，新发展，制造业工人面临着严重的挑战。积极转型，如何转型成了他们的工作要点。

陕西鼓风机厂的一线带头人李新春，和陕鼓一道走过了30年的风雨历程，从一个设备维修钳工转型为服务产业项目经理，从一个技校毕业生成长为陕鼓动力响当当的首席技师，从企业系统服务事业部的一名项目经理升级为陕鼓工业服务产业一线的带头人。李新春是转型大军中的楷模，同时也是国内、国际同行交口称赞的设备现场问题解决专家。勤勉、精艺、敬业、担当、拿得起技术、管得了团队、业务精湛的技术能手，这些都是人们对李新春发自肺腑的赞叹！他荣获全国技术能手，全区机械工业技术能手，全国知识型职工优秀个人，陕西省劳动模范，陕西省首席技师，陕西省青年突击手，陕西省知识型职工标兵等诸多荣誉。

29年前，李新春从陕鼓技校毕业被分配到设备处，成为一名设备维修钳工，第一次接触机床，他就认真跟着师傅学拆件、学看图、学组装，用了25天完成了第一件维修工作。用心、虚心、细心、专心的他，很快有了收获，在第二台机床的维修中，就可以独立承担维修操作了。

每次接到维修任务，李新春总是不急于立即动手，他的习惯是将设备的工作原理和技术要求梳理一遍，再对产品结构进行分析掌握，然后找出合适的方法，并经过实验确认可行后再动手做事，这也促使李新春练就了扎实的技术功底。用李新春的话说，刚开始进厂，不会的东西太多，自己就像一块海绵，遇到多少新知识就能吸收多少。

为了让自己的业务技能与时俱进，李新春特意参加了公司各种培训班，生产管理、机床维修、统计学、计算机、营销学样样他都学，不愿放过每一次学习提升的机会。很快，原本只是中级工的李新春，考取了高级钳工资格，成为陕西省第一批高级技师。

在陕鼓致力于为用户提供系统解决方案和系统服务战略目标指引下，李新春作为企业转型变革发展的坚定支持者，也成为陕鼓流程再造的首批试水者。李新春放弃已从事13年的机床维修岗位，转身成为一名产品装配钳工，进入企业装备制造的核心车间，实现了自己岗位技能的第一次转型升级。

机会总是留给有准备的人。2010年，企业对经营业务环节进行流程再造，成立了服务产业部，在责任和使命的召唤下，有着高超技术能力的李新春又担当了现场服务的重任，带领陕鼓服务团队为我国大型装备配套机组的安装调试做好服务。

如今的李新春已经成为一名陕鼓系统服务事业部现场安装的一级项目经理，他所带领的服务团队正在陕鼓气体运营服务现场，为陕鼓交钥匙工程，为大型空分压缩机组的安全可靠运行保驾护航。而李新春也用自己的实际行动影响和带动了身边无数转型分流的员工，通过对新业务的学习不断适应企业变革发展的新常态，推动着陕鼓在转型发展的道路上更加坚定地向前迈进。

传统制造业中，很多企业的迅速发展都因为"人口红利"，因为人多，人工成本核心竞争力占优势，所以一直占领着行业中强者的位置。但现如今，这已经不再是优势，面对互联网时代的改革大潮，机器设备不断的更新，人工已经不再具备竞争力。历史上，每一次工业革命都伴随着生产方式的进化，而只有适应这一进化的工人才能在工业体系中找到自己新的位置，要适应时代需要，工人就要不断地提升自己的能力。提升最好的办法就是转变传统的"铁饭碗"思想，加强学习，为自己不断充电。一些工人自认为在同行中有着较精湛的技术和经验，不愿意重新加入学习的行列，认为那是多此一举，自己的技术足够在职场上找到合适的位置。殊不知，随着时代的发展，技术革新的脚步越来越快，自己的水平日渐显不出优势才顿感无措。新工艺、新设备、新技术需要的是新的技术工人，如果没有足够的实力来操控新设备，创新技术，又如何能撑起崛起制造精制大业？

 5.

重树新时代工人形象，担起时代使命

在新中国成立初期，工人曾经是全国人民羡慕的行业。当大多数人还在为吃饱穿暖而发愁的时候，他们拿着固定的工资，朝九晚五，过着比其它行业明显优越的生活。然而从上个世纪90年代末开始，社会上许多人对当工人渐渐失去兴趣，现在许多工厂更是出现了招工难，留人难的尴尬。一些学生明明在学校学的是技术方面的专业知识，毕业后却不愿进工厂当工人，即使一部分不得已进了工厂的人，也不想让别人知道自己在工厂上班。为什么，因为既不挣钱又没面子，为什么还去干？有调查表明，造成这种现象的原因是工人在工厂中"收入低、尊荣感低、存在感低"而导致的。

收入低。即使是一线城市，在一般企业里，工人工资大多在2000多元到3000多元，就算是老工人，跟随企业打拼了几十年，工资也就在4000多元到5000元之间。对于老工人来说，工资低点只要能干到老，退休后拿到养老金也算是一种安慰,但年轻人却不这么想。由于自动化水平的提高,现在许多工厂的一线岗位对工人的技术能力并没有太高的要求。在这里有专业知识的大学生与高中生并没有多大区别,再强的专业也得不到发挥,没有明显的突出,加薪当然就是空话。这样的工资水平,在今天的房价、物价、教育、医疗等成本较高的情况下,生活已是捉襟见肘,更谈不上体面生活了。

尊荣感低。一些员工确实是爱自己的专业,也能做出非一般的成绩。比如在国内各项大赛,有的甚至是国际大赛中,不少工人都拿到了很好的成绩。但是比赛结束后呢?他们还是工厂里那个默默无闻、毫不受重视的小员工。这让一些员工失了信心,少了工作激情。

存在感低。随着自动化水平的不断提高,一些工人犹如机器人一样守在流水线上,除了眼睛工作外,很少动手,动手也是搬运,毫无技术成分。这些单调的工作让他们怀疑自己存在的价值和意义。

九零后是如今职业大军里的顶梁柱,然而他们当中仍有大部分人不愿意进入工厂当工人。哪怕是薪水低一点,他们也要找个看上去比较体面一点的白领工作,他们可以在办公室做一些端茶递水的简单文员,也可以去卖保险、跑跑销售,调查市场,就是不愿当工人。"同样是辛苦,这些至少不用出苦力吧"。这是他们的心声,也是他们拒绝当工人的理由。而那些年龄大、资格老的工人也不愿意自己的子女当工人,找份体面的工作同样是他们的愿望。中国工人的地位再也不像七八十年代那样"上得了台面",再也吸引不了年轻一代。

当工人真的有这么不堪吗?

其实,正是无数的一线工人,筑就了中国制造业的坚实基础,挺起了中国制造的脊梁。在为国家、为社会、为制造业的崛起而默默奉献的同时,许多一线工人也成长为了行业专家,实现了自己的人生价值。

齐嵩宇,家住长春市的东北角与西北角的汽车厂隔城相望,每天骑自行车一个小时穿越大半个长春城去上班,实在不方便。后来经过父母同意,齐嵩宇选择住单位的单身宿舍。

他经常瞒着家里人,晚上不回宿舍在维修间加班学习。时间太晚就在维修间的长板凳上睡觉。吃饭,他用一个大饭盒,用来煮面条,再加上母亲用大玻璃罐子给他装好的大酱,就能凑合一顿饭。凑合的次数多了,同事就经常打趣他叫"面条齐"。不久齐嵩宇的工作从维修间调整到生产线上做电焊操作。换了新的工作岗位,齐嵩宇难免有些不适应。在一次工作中,他不小心漏了四个焊点。"其实就像我们吃饭掉饭粒似的,有时候工人一天焊几千个焊点,漏几个是正常现象。但是这对车的质量影响非常大"。当时,齐嵩宇一天收入也不到二百块钱,一个月就挣三千块钱左右。漏焊之后,一个焊点罚五十块钱,四个焊点就是二百块钱。

对于齐嵩宇来说,一方面繁重的工作已经让他在体力上付出很多,另一方面担心漏焊又让他的精神时刻处于高度紧张状态。为了彻底解决这个问题,齐嵩宇围绕自己的岗位做了一个叫"电子漏焊监控器"的装置,这个装置能够代替他去数每天焊接的次数,一旦发现不对,就会作出警示。后来这个装置被齐嵩宇当时所在车间的领导向全车间推广。"现在,整个生产线基本上快标配了,有些工位的关键焊点不多可以不配,但是关键焊点多的工位,必须要配"。作为这一装置的发明人,在2004年的全国职工技术创新一个奖项的评比活动中,获得三等奖。从此,齐嵩宇走上了发明创新路,2012年他被评为中国发明协会的特等奖,被授予"中国发明家"称号。

齐嵩宇形容自己受益于师带徒的培养方式:"踩着老劳模的脚印一步步走过来的"。

目前齐嵩宇通过大师工作室、专家工作室对派过来的新员工进行前期培训，让他们具备技能上岗资格。因人而异制定培养计划。以身作则、言传身教，和学生"掰手腕"，帮助新员工从学生的角色转换到工人的角色。斩获各种奖项、荣誉后，有高校聘请齐嵩宇任教。

齐嵩宇通过高校授课的方式，每年两个学期，至少要带200名学生出来。在学校，齐嵩宇并没有教电控、自动化这种热门的专业，他教特种焊接。"我所在的学院有30来个电控方面的老师。但焊接方面的老师加上我才5个。所以说我就把专业转向到焊接方面。把自己8年焊接的工作经验转化成方法教给学生"。

在维修方面，齐嵩宇有自己的一套检测问题方法，这种方法，齐嵩宇取名为"蜗牛的螺旋"，故障现象发生以后，从外围扩散、逐渐修正，就像蜗牛的螺旋一样，最终回到一个点上，问题出处一目了然。

齐嵩宇在带学生的时候除了教技能也注重教方法。"只学习技能，他可能成为高级技师，但不能成为一个大国工匠"。

全国人大代表、全国劳动模范、全国五一劳动奖章获得者……虽然事业上屡获荣誉，但他一直深耕基层，埋头在生产一线，恰如当年他初入一汽集团时的钻研肯干。

"很多人认为你都做发明家了，做了'全国劳模'，得'五一劳动奖章'，就认为你应该转成干部身份，坐办公室。可我觉得，我是一步一步走过来的，基层是我的根本，我仍然要在基层工作"。

扎根一线，成绩斐然，在齐嵩宇的牵头带动下，工厂每年完成了数千项项目技术完善升级。"比如我发明了一个小刀片的修复，只有400多块钱的小机床，我把它改一改，每年一汽工厂就能省下230万的刀片采购费用"。嵩宇在焊接岗位不断创新，其内心充满快慰："每出一个发明我就感觉非常自豪，因为这个东西是我做的,我的想法从一步步实施,到最终形成专利,为一汽工厂、为国家汽车制造业做出了贡献。"

"'红旗'这个国车的复兴梦,就是我的中国梦。"齐嵩宇希望通过自己的实际行动推助国家汽车自主研发:"希望大家都来了解、认可我们的中国车。我作为'红旗人',我把这个车质量干得棒棒的,然后交到中国老百姓的手里面,是我的一份责任和使命"。

全国人大代表、五一劳动模范、高校讲师,同时又是一线工人,这才是新时代工人的新形象。他们不再只是某一个车间里埋头苦干,挥汗如雨的一线工人,他们懂理论、能操作、搞创新、会发明。谁说工人没有前途?谁敢说今天的工人只是出卖劳力?天地万物,人最宝贵。制造业中最宝贵的要素是人才。其实当工人并不是像旧观念中人们所认为的那样没有面子又不挣钱,相反,当今的工人才是强国的根基,才是最宝贵的人才。从古至今,工人的地位从来都没有变过,改变的是人们的观念,是那些被金钱迷住了双眼的人。可能当工人的工资确实不如其他行业的高,但是人们从来没有忘记过工人的力量,也始终相信只有工人,才能扛起制造业崛起的重任。作为新时代的工人,我们要认清形势,明白当前我国制造业所处的境况,时刻提醒自己作为一名中国工人,我们有义务和责任为中国的制造业崛起肩负起工人身上的责任与使命,为把一个制造强国推向世界而努力。

提升职业素养，高素质工人奠定中国制造业的厚实基础

爱岗敬业，忠于职守，这是所有职业人都应该做到的。作为一名大国工人，我们的形象就是中国的形象，我们的职业素养决定中国制造业的发展与地位。无论何时何岗，我们都不能忘记，我是中国工人，我的责任是为中国制造业的崛起而努力。

1.

诚实守信，树立大国工人的诚信品牌

讲诚实、守信用是中华民族的传统美德。在中国的传统文化中，诚信被视为道德伦理准则，是对人们行为规范的要求，是内在品德与外在行为的统一。古人常说"言必信、行必果""信近于义""人无信不立""以信接人，天下信之"等等，就是对诚信重要性的最好描述。一个具有诚信的员工同样是具有这种传统道德的人。在今天，诚信是社会主义核心价值观之一，是当今社会最重要的立足职场的资本。就个人素质修养方面而言，诚信具有极其重要的地位和价值。人无信不立，在职业化修炼上也是如此，若没有诚信，在塑造职业化的品质中就会大打折扣，我们的职业发展也失去了方向。没有了诚信，员工无法稳立于职场，就算是一时还有工作，也可能被他人不信任而工作毫无成绩。一个人是否有诚信是职业化所需要的"常态"，是需要时刻保持的一种做人原则和工作心态。当一个人的诚信已经成为一块金字招牌时，你会享受到更多诚信带给你的回报，这样的回报会更激励你坚守自己的诚信！

松下幸之助说："信用既是无形的力量，也是无形的财富。"你的信誉越高，你的无形财富也就越多。有诚信的习惯，就能在事业合作中取信于人，进而成就大事。比如一次欺诈的行为，可能会解决暂时的危机，但是这背后所隐伏的灾患却远比危机本身更危险。反之，如果有良好的信誉，事业、生活都会为你打开方便之门。你会得到银行的贷款，购置自己中意的栖居；如果你有良好的信誉，即使在你跌至人生最低谷的时候，仍然会

大国工人：
中国制造崛起的资本

有很多朋友向你伸来援助之手，再绝望的时候也会有人助力走出低谷。

要想崛起大国制造业，我们就要塑大国工人的诚信品牌，让世人相信，大国工人不仅技能一流，品质更是一流。树立诚信品牌，要从自身做起，修身立德，提升自己的职场道德标准。当我们的内心缺失道德标准，就会忽视诚信的重要性，从而只剩下对金钱和利益的欲望与追求，于是，才会无视职场中人与人之间的关系。所谓做事先做人，做任何事情，都是从做人开始的。做人诚实守信，那么做事就会一帆风顺。

诚信体现在日常生活和工作中，就是要重承诺、守信用、说实话、办实事、靠得住。靠得住，才能被人信任，被人信任才能获得机会，有机会才能展现和提高自己的能力，有能力才能创造一番事业。

李嘉诚自己创业初期，急需大量的客户。一天，有位前公司的老客户找到他，要进他的货，李嘉诚当然希望仓库里积压的产品能够马上卖出去。可是他离开公司时曾向公司老板保证过，绝不会跟他抢客户。

李嘉诚不想因为蝇头小利而破坏了自己的信誉。他委婉谢绝了前来订货的老客户，并介绍客户去原来的公司进货。

这位老客户没想到李嘉诚会把主动来求购的自己拒之门外，不解地说："李先生，没想到你这么精明的人，为什么竟然这么犯傻呢？"

客户执意要在李嘉诚的公司进货。李嘉诚坚持自己的观点，他说："您的好意我当然心领，可是我真的不能把我厂里的货交给您。刚才我已经说过，除了信誉之外，我们是个新厂，您也知道新厂的产品肯定存在这样那样的不足，所以，您还是尽快去别的公司进货。作为我的朋友，请您一定尊重我的意见，我不能把产品卖给您。"

此后，其他一些李嘉诚在原公司时的老客户也都找到李嘉诚要求购货。李嘉诚也都像首次一样一一拒绝了，他宁可看着找不到顺畅销路的产品积压在仓库里，也绝不破坏曾经对老板的诺言。

李嘉诚认为："一个人一旦失信于人一次，别人下次再也不愿意和他交往或发生贸易往来了。别人宁愿去找信用可靠的人，也不愿意再找他，因为他的不守信用可能会生出许多麻烦来。"

这才是大国工人的风范，才是人们所称道的品德。从某程度来讲，一个人的职业素养决定他在职场里走多远。高品质的人走到哪里都是受人欢迎和信任的。

山西祁县富商乔致庸，把经商之道排列为：第一守信，第二讲义，第三才是取利。他把"人弃我取，薄利广销，维护信誉，不弄虚伪"作为自己的经商思想，并且始终如一地将其落实到了自己的经营活动中来。

有一次，乔家复字号名下通顺店卖的胡麻油掺假。乔致庸知道后，气愤异常，当即辞退了通顺店的掌柜和伙计。为了挽回商誉，他让人们连夜写出告示，贴遍整个包头城，向客户们说明通顺店掺假事宜，并将掺假的胡麻油以每斤一文的价钱卖做灯油。同时，凡是近期到通顺店买过胡麻油的顾客，都可以去通顺店里全额退还银子，并可以低价购买不掺假的胡麻油。

这个告示不仅向客户们表示了真诚的歉意，而且也是一个无形的广告，将乔家重信誉、讲诚信的契约精神告知包头城的所有百姓。很快，整个包头城的百姓们心中都达成了这样一种共识：买乔家的商品就是买放心。

乔致庸的做法虽然给企业造成一定的经济损失，但是却维护了自身良好的品牌形象。乔家的生意在他的精心打理下，数十年

中国制造崛起的资本

后,其祖业包头商号获利倍增,成为包头整个市场中最有实力的商家,因此后人有"先有复字号,后有包头城"之说。

宁波乐氏家族创办的北京同仁堂,至今已有300年的历史,之所以能够长盛不衰,也是因为他们始终坚持了"炮制虽繁,不敢省人工;味品虽贵,不敢减药料"的经营信念,诚信不欺,一丝不苟。据权威部门统计,全国现存中华百年老药铺81家,其中13家是甬商创办的,比例高达16%,其品牌全由"诚信"两字铸成。诚实信用、以信为本,是做人的根本,也是一名职工的金字招牌。如果没有诚信,上司不会给予我们机遇;如果没有诚信,朋友不会与我们一起合作;如果没有诚信,客户不会投资我们的计划。因此,想在事业上有所成就,就必须将诚信摆在首位。

鉴于诚信的重要性,大多数企业将其列为员工最基本的要求。很多企业根本就不会去雇用没有诚信的人,一旦发现哪个员工发生了严重的诚信问题,他会被立刻解雇。例如,微软公司在用人时非常强调诚信,他们的口号是:我们只雇佣那些最值得信赖的人。当微软列出对员工期望的"核心价值观"时,诚信被列为一位。背信弃义与讲信用就像是一对孪生兄弟。讲信用之人让人敬佩,背信弃义者让人唾弃。作为制造业中的一员,讲诚信就是生产出最值得人们依赖的产品。用产品质量说话,以产品质量取信于人。当我们为人诚实守信时,我们生产出来的产品也一定会是消费者满意的产品,因为他与我们自己一样,经得起考验与检验。

正直善良,展现大国工人的端正品行

从古至今,正直、善良总是受到称颂的。个人修养与能力的提升永远是放在首位的。有人说并不是所有正直的人都会得到好的结果,反而会有很多时候,因为正直给自己带来很多不必要的麻烦。我们经常会遇到这样的情况:因为某个人为人正直总是得罪公司里的人,虽然他有很强的能力,但总是得不到发展的机会。但这并不代表一个人正直就没有了用武之地,每个人都渴望与大家一起出出进进、说说笑笑,渴望共同完成一件事情,有难同当、荣辱与共。正直的人也是一样,他们之所以被一些人认为是"不合群",往往是人与人交往中各种矛盾的积累所致,将这种天性给扭曲了。正直的人一样渴望和人交往,只是更加强调与自己相同的人之间的交流。正直善良的人总是以公司的规章制度作为自己的行为准则,诚实正直,严于律己,宽以待人,对同事一视同仁,平等对待,不趋炎附势、阿谀奉承、盛气凌人;不计较眼前的利益,放眼将来,愿意在工作中多出力,多献策。无论走到哪里,都会维护公司的形象,以一名大国工人的端正品行展示于人。

正直的人具有良好素质。行得正,走得端,一个正直的人肯定是一个讲正气的人,是一个忠诚于国家、忠诚于家庭的人,对工作勇于负责的人,对朋友真诚厚道。正直善良的人总是表里如一的,他们办事正直、公道、真诚,说一不二,主持公道。无论大事小事,无论对待何人,都完全真诚。这不是为了讨好,更不是为了取得谅解,也不是为了把问题搞清楚，而是他们的品行始终如此。正直的人办事讲原则，从不为私利而歪曲是非。

做一个正直的人就要确立自己的人生观，价值观，世界观，不随大流。不管什么时候，都要以国家利益为重，坚守自己的道德品质，不为利益所诱惑，不为名气而逐流。很多人认为圆滑比正直更有前途，机会更多。做一个正直的人实在是太难，就如狐狸家族认为的一样，要做一个正直的人并不是那么容易的。其实，正直的人在职场中一样可以保持自己的正直，因为任何时候，这个社会都不能缺少这样的人。也许很多事情看上去已经背离了我们的初衷，但是只要坚持自己的原则，同时找到一个适合的方法，正直的人总是最终的胜利者。正所谓日久见人心，许多事情当人们怀疑你的观点或你处事的方法时，你只要坚持，日子久了，在大家的心目中，你的形象自然就在人缘中占了位置，这时候，就是大家接纳并欢迎你的时候。

正直使人宽大为怀，不管别有用心的人怎样厚颜无耻的挑拨离间或者如何无情无义的恶语中伤，都不会针锋相对的，即以其人之道，还治其人之身。正直使人心安理得，无论是在任何荣华富贵面前还是在一切威逼利诱的时候，都依然坚贞不屈，毫无贪婪。正直的人永远都不会假公济私。当他襟怀坦荡的时候，就是你想投机倒把也不能投其所好而希望他不闻不问；就是你要偷梁换柱也不能蒙混过关却休想他视而不见。他永远都能保持平心静气，待人总是一视同仁，不亢不卑。没有正直，生活中的每一扇门都是紧闭的。因此，俄国作家克鲁泡特金提醒我们说："如果没有正直，没有同情和互助，人类必会灭亡，恰象以强夺为生活的二三种动物，和蓄奴的蚁族的灭亡一样。"放弃正直的人，无非都是想彼此间尔虞我诈，混水摸鱼。可是，这种背信弃义而居心叵测的伎俩，终有一天也会两败俱伤，渔翁得利。

正直、善良与厚道总是相连一体的。厚道些也就是比别人更善良一些。有人说过这样一段话："时间已经在某些人的脸上刻上了一个代表信用的符号，无论他在哪里出现，都将受到尊重。你会情不自禁相信这样一个人，他们的外表就能给人以信任感，因为在他们脸上写着'善良、厚道'几个字，这就是信任的基础"。为什么是时间刻下的符号？因为人与人之间只有通过时间来考验这个人是否有优良的道德品质，是否值得我去信任，深交。具有善良厚道品德的人，他们是不会在背后使坏，是不会在别人有困难的时候落井下石的。他们会不自主地伸出手去帮助别人，哪怕自己得不到任何好处。把自己的困难、心事、甚至是某些重大的计划交给这些人，你一样可以睡得安心，一样会达到你想去的目的地。

一个人如果走到哪里都无法得到他人的信赖，那么你的一生是失败的，你应该反省一下自己的言行。是不是因为利益的因素而失掉了人生中最珍贵的厚道与善良？是不是偶尔也是因为利益因素而利用了别人的厚道与善良？

在职场，我们经常看到一些人，走到哪儿都有人招呼，有什么困难都能得到大家的帮助，可以说，他们是公司里最受欢迎的人。只要有这种人，我们不用怀疑，这种人一定是正直善良的人。他们得到了大多数人的认可，就算能力一般，老板也愿意重用他，同事也愿意相信他，把他作为最可信的朋友。可见正直善良在一个人的一生中是多么重要而不可缺失的东西。只有有了这两样东西，才会得到同事的信任，才会有更多的机会去让自己成长，才会让眼前的道路越走越宽。

当我们跻身于制造业时，这个行业已经开始要求我们要做一名正直善良的工人，因为我们是全世界制造大国，我们还将是全世界的制造强国，我们的一举一动、一言一行都代表着我们的国家，代表着整个国民的形象。所以，唯有正直善良，才敢于行为。

3.

忠诚敬业，谨守职业操守

职业操守是人们在职业活动中所遵守的行为规范的总和。它既是对从业人员在职业活动中的行为要求，又是对社会所承担的道德、责任和义务。一个人不管从事何种职业，都必须具备良好的职业操守，否则将一事无成。所有职业操守的规范中，忠诚敬业是首位。

索尼公司有这样一句话："如果想进入公司，请拿出你的忠诚来。"这是每一个意欲进入索尼公司的应聘者最先听到的一句话。索尼公司认为：一个不忠于公司的人，再有能力，也不能录用，因为他可能为公司带来比能力平庸者更大的破坏。随着社会竞争越来越强，竞争方式多样化，忠诚，已经成为人才的第一竞争力。人才竞争已经从单纯的技能竞争，转向了品德与技能两方面的竞争。而一个人的品德排在首位的，就是忠诚。忠诚是竞争力和凝聚力，员工的忠诚表现在工作中就是工作能力强，效率高，服从安排，爱岗敬业。只有忠诚的人才会在工作中踏踏实实，只有热爱自己工作的人才会有创造力，才会有生产力。

一个人是否具有敬业的品质，最直接的表现就是他是不是对企业和自己的工作忠诚。对企业忠诚的人热爱自己的本职工作，安心于本职岗位，稳定、持久地在工作岗位上耕耘，恪尽职守地做好本职工作。一个敬业的人，能够充分认识本职工作在社会经济活动中的地位和作用，认识本职工作的社会意义和道德价值，具有强烈的职业荣誉感和自豪感，在职业活动中具有高度的劳动热情和创造性，总是以强烈的事业心、责任感，从事工作。很多企业，在招聘时会通过各种形式测试应聘者的忠诚度，如果被认定是忠诚度不够，哪怕你拥有再渊博的学识、再高的智商、再高的学历、再多的发明专利，都可能不被聘用。越是能力出众的人，越是需要对企业有着高忠诚度，因为一旦这样的"能人"背叛企业，企业遭受的损失将无法估量。忠诚度高的人，在为企业带来效益的同时，也能够为个人的发展创造机会，找到适合自己的舞台。对公司忠诚，实际上是对自己职业的忠诚，也是对自己人生的高度负责。每个人都需要工作，工作是我们幸福生活的来源，没有工作，我们将失去一切。而企业是为我们提供工作，体现我们工作价值的平台，从这个意义上来说，忠诚企业其实也是忠诚于自己。

忠诚敬业的优秀员工一定是有强烈责任心的人。在企业中每一位员工都在不同的时间、不同地点，扮演着不同的角色，而每一个角色都意味着不同的责任。员工对企业的"忠诚度"首先就应表现为对本职工作是否能做到"尽职尽责"。责任心是我们工作中诸多困难的强大精神力量。许多人把应该承担的责任推给领导，认为自己只是公司里一个小小的职员，并没有什么权力，也不必去承担这多的责任。当出现问题时，他们总是避而远之。这是一种长期以来养成的坏习惯，这种坏习惯不仅让这种人一事无成，有时候，还会让公司蒙受不必要的损失。担当责任是一个人分内的事，是做好应该做好的工作，承担应该承担的责任，完成应该完成的使命。责任心是一种很重要的素质，是做一名优秀员工所必需具备的。责任心对于一个人来说是极其重要的，梁启超曾说过："凡属我应该做的事，而且力量能够做到的，我对于这件事便有了责任，凡属于我自己打主意要做的一件事，便是现在的自己和将来的自己立了一种契约，便是自己对于自己加一层责任。"这是忠诚于自己，忠诚于自己的信念的表现，从员工的角度而言，有了忠诚度，便会加倍在自己的岗位努力，做出更多的成绩，服务于企业，奉献于社会。责任是人的生存之本，任何人做事都需要担负责任。企业要发展、要壮大，就必须有一批爱岗敬业、忠于职守，不墨守成规，富有创造力，从内心把企业当成自己家的有责任感的员工。

忠诚敬业的优秀员工走到哪里都会顾全公司形象，都会严守公司机密。忠诚于自己的职业，就会忠诚于自己的企业。当一些特殊的人才被用到特殊的岗位时，他们得到的不仅是丰厚的物质财富，还有公司对他们的绝对信任。所以优秀的员工一定会严守公司的机密，从来不会为了个人利益而出卖公司的任何信息，哪怕这些信息对公司而言作用并不是很大。出卖公司信息，不仅损害了公司的财富，同时也会严重损害公司的形象，就像一个国家出了卖国贼一样，是整个国家的耻辱。让同行瞧不起自己的公司，让公司在业内难以立足。那些招聘人才时首先考察忠诚度的企业正是基于自己公司的安全考虑。公司的点滴信息都属于公司财产，就像自己身上的一些器官一样，爱自己，就一定会维护它们的安全，同时维护公司的形象。

忠诚敬业就是要为公司创造最大利润。利润是决定一个企业命运的重要指标之一，而企业的利润正是由员工所创造出来的。员工为公司创造的价值多少来自于工作绩效的高低，这也是员工自身价值的一个重要体现。不管你能力有多强，学历有多高，如果不能为公司创造相应的价值，你就不是优秀的员工，你就是公司里那个"吃闲饭"的人。资历只是从一个侧面反应出你的入职年限，阅历也只是反应出你的从业经历，而真正价值的体现靠的是实力，直接反应为其所拥有的工作绩效，也就是创造利润的多少。当你能力所及时，面对某一项工作任务就要全心全意去付出，收获最完美的结果，你就是为公司创造了最大的价值，也就是为公司赢得了利润。赢得利润虽然不是企业的最终目的，但是必不可少的条件，没有利润，企业将无法支撑，没有利润，员工也会失去收入，不要认为你的岗位普通，对于整个公司来说微不足道，正是无数个微不足道的小岗位努力付出，才能让公司有了发展壮大，才能让企业具有竞争的实力。

忠诚敬业的人会绝对服从与执行。"员工的天职就是服从和执行"。执行与服从综合表现就是一个员工的忠诚度。换句话说看一个员工的忠诚度有多少,只要看他们是否绝对服从。所有企业都需要那种无条件服从的员工。只有无条件的服从,企业的制度才能得以实施;只有无条件的服从,我们才能养成立即执行的良好习惯。对于员工而言,企业是根之所在,企业的凝聚力、向心力作用于每名员工。没有企业的良好发展,就没有员工施展才华的平台,每名企业员工都应立足本职、爱岗敬业。只有大家共同奋斗、齐心协力,企业才会兴旺发达,进而为员工提供更多保障。职场之所以会有上下级,是为了保证团队工作的开展。上级掌握了一定的资源和权力,考虑问题是从团队角度考虑而难以兼顾到个体。尊敬和服从上级是确保团队完成目标的重要条件。有人说:"要成为一个成功的领导者,先要学会被领导。"被领导最主要的表现方式就是上级吩咐,下级服从。对于一名员工来说,服从应该是一种职业习惯。服从就是无条件的执行,就是不找任何借口,快速认真的依从上级指令完成任务。服从指挥,忠诚企业,要求我们和企业融为一体,赤诚无私,以企业的利益为重,不生贪念;要求我们无论领导在场不在场,都有爱岗敬业的精神,对工作认真负责;要求我们从身边点点滴滴的小事做起,任劳任怨;要求我们任何时候都努力工作,不找借口。员工对企业的忠诚度,是在员工与企业共同合作、发展过程中逐渐建立起来的,而不是一蹴而就的,这种忠诚不是企业所要求或规定出来的,而是在彼此忠诚的基础上逐渐产生的。在忠诚的表现形式上,服从很重要。没有服从,任何指令都只是一张废纸一句空话,没有服从,企业的一切规章制度也都只是摆设。员工忠诚能给企业带来明显的效益,它不仅有助于增强企业凝聚力、提升企业战斗力、降低企业管理成本,而且有利于推动企业文化的形成,从而为企业创造更大的物质和精神财富。"一切行动听指挥"的员工才是忠诚的员工,也只有最忠诚的员工,才能成为最优秀的员工。服从是优秀员工必备的品质。是一个人做事时所表现出来的敬业精神。服从背后所表现的,是对企业的忠诚,是一种美德,是事业成功的基石。员工进入企业后,就与企业成为一个共同体,企业的发展,需要依靠员工的成长来实现;而员工的成长又离不开企业这个平台。员工是否具有良好的服从态度，是企业良性发展的重要因素，遵守企业规则，不损害企业利益，把企业的事业当作自己的事业来做，努力培养忠诚敬业的精神是员工义不容辞的责任。有了服从，执行才会有力，才能到位。不管企业的决定是否合理，不管是否会影响到个人利益，我们第一要做的就是服从与执行。我们要坚决相信公司不会做出毫无理由的决定，也不会做伤害员工利益的事。在你看来不合理的决定，也许对于整个团体是有利的。这时需要我们舍小利，顾全大局。员工的服从精神对于企业十分重要。只有每一位员工都绝对执行上级的命令，才能够保证整个企业的有序发展，也才能够让每一位员工的能力得到充分发挥。为了实现这一点，员工就要把服从命令放在第一位，而不是时时加入自己的评判。员工一旦身处某个职位，就要做好这个职位上的工作，如果你总是在工作中我行我素，那么你就不可能在自己的位子上停留很久，更不要说什么个人发展了。服从命令意味着要时刻把企业的利益放在第一位，甚至要牺牲个人的利益来促进企业目标的实现。

忠诚是一条双行道，你对企业付出一份忠诚，企业将回报你一份信任。不管你的能力是强是弱，只要具备了忠诚敬业的品德，你就会把岗位工作当成生命中最重要的使命，去努力完成它。

 4.

热爱本职工作，干一行爱一行

一个人在自己的职业生涯中，对工作负责是最基本的要求和做人的原则，无论从事任何工作，首先要抱着认真负责的态度把它做到最好，学会享受自己的工作，同时享受自己的生活。作为一个员工，只有尽职尽责做好本职工作，才能称得上是一个称职的员工，但是要成为一名优秀的员工，还要热爱本职工作，从心里认定自己所从事的行业，并热爱它，为它付出努力。简单的说就是要树立"干一行爱一行"的思想，树立高度的责任意识，自觉追求高标准、高质量地完成工作任务。新时代的工人不仅要有高超的业务技能，还要有丰富的专业理论知识，这样才能更好地为自己的岗位做出贡献。

立足本职工作，做到爱岗敬业是一种承诺，是一种义务，是一种态度，更是一种精神。只有珍惜岗位，才能爱岗敬业，只有干一行爱一行，才能出成绩，才能实现理想，更好的服务于社会。

来自重庆工业设备安装集团的杨波，是一位享受国务院政府特殊津贴，获得过全国劳动模范、全国技术能手、重庆市杰出技术人才、2017"巴渝工匠"等多项荣誉的焊接高级技师。

高中毕业的杨波刚好碰上当时的重庆第二工业设备安装公司招工，跟大多数报考的初中毕业生相比，杨波在文化基础上有些优势，招工考试成绩优异。他一直期望自己能成为一名电工，但事与愿违，公司让他跟随焊工师傅学习焊接，成为一名焊接工人。工作中领导看出了杨波的思想波动，便找他沟通谈心，杨波决定先安心做一名焊工。跟着师傅学艺两年后，他认为可以独当一面了。一次，要独自完成一项焊接任务，没了师傅的指挥安排，他突然发现，根本无从下手，这时，他才意识到自己离出师还很远。这次的挫折对杨波触动很大，自此他对焊接工作的态度有了一个全新的改变。

如果说之前他只是安心做一名焊工，那么自此杨波才开始用心做一名焊工。

"夏练三伏，冬练三九"杨波不惧夏日高温和冬日的阴冷，在继续跟着师傅学习之余，休息时也常捡废料来自我练习。除了动手，杨波还注重动脑。细心观察老师傅的焊接手法、翻阅焊接理论书籍。白天反复练习的焊接心得，晚上一定记下笔记总结经验，慢慢的，杨波养成了每天记笔记的习惯，三十年来，他用过数十个笔记本，摞起来近1米高。功夫不负有心人，多年的辛苦努力和学习，让杨波掌握了14种焊接方法。

由于公司是承接项目的施工单位，石油化工、大型罐体、压力容器、高温高压管道、锅炉电站、天然气长输管线、盐化工等工程项目均有涉及，项目工程的多样性让杨波接触到了更多种类的焊接材料类型，用杨波自己的话说"在有些复杂的工程中，一次能接触到三、四十种不同材料"。焊接材料的多种多样让杨波吃了不少苦、费了不少时间来钻研如何焊好焊成功，同时也获得了更多宝贵的经验，练就了一身过硬的焊接技术本领，解决了施工过程中遇到的超大、超厚、超薄及特殊类材质的焊接疑难问题，特别是带领公司一批技术骨干解决了铝及铝镁合金、钛及钛合金、25-20和25-18高铬合金、镍及镍合金材质、锆金属材料等有色金属方面的焊接疑难。

输送高压氧气管道的镍及镍合金材料焊接，焊缝的要求近乎苛刻。不仅要做到单面焊双面成型，而且焊缝内壁成型后要做到与母材管道内壁一样平滑，有些可容纳人进去的大型管道还能进行实时观测，而一些进不去人的小管道只能凭借丰富的实践经验和高超的技艺来完成，杨波正是能完成这样"苛刻"任务的人。在拥有过硬的焊接技术后，杨波还追求"焊接美"的极致，别人可能认为质量达标就可以，杨波偏不，做，就做到极致。

焊缝的宽、厚达到标准后，杨波要求在外观具有一定的美感。多年来，深山、戈壁、高温高寒中都留下过杨波工作过的足迹。在人烟稀少的旷野、深山中，杨波和同事们除了要与孤寂和辛苦为伴，还要跟周围恶劣的自然环境作斗争。

三十年来，正是经历多次考验和磨练，杨波才从一名一线焊接工人一路成长为焊接高级技师、工程项目技术负责人。

如果一个人不能全心全意地将本职工作做好，无论他认为自己多么辛苦与劳累，最终都将一无所获。真正能全心全意、尽职尽责把本职工作做好的人，要比对很多事情都只懂一点皮毛的人更有收获。如果你想成为一名优秀员工，你就应该尽职尽责地做好本职工作，尽量追求精确和完美。

"制造业一线的技术人员很辛苦，他们的成长不是一蹴而就的，需要十几年的积累和沉淀。俯下身子踏实做事，通过持之以恒的探索和钻研才能有所成就"。纵然是这样一个辛苦的行业，却有不少人在这个岗位上兢兢业业，充满热情。也正是有了这样的一群人，我们的制造业才能日渐成长，才能不停止从大国迈向强国的步伐。

5.

纪律严明，一切行动听指挥

很多员工在一谈到企业的规章制度时，都认为是对自己自由的约束，有的还带有一定的抵触情绪。这是思想不成熟，对企业文化认识不足的表现。一个人的成长与追求，一个企业的进步与发展，都需要有文化精神为支柱。企业管理的实质是文化管理，只有对人的心智模式、行为方式进行有效管理，才能达到管理的最高境界。良好、健康的企业文化能够提高效率，减少费用支出，增强企业竞争力，能够树立良好的企业形象和优秀的员工形象。一个企业做强做大靠的是文化和制度。企业的规章制度是对历史的一种阐述，是用血泪换来的，是从错误堆里积累来的，它告诉你过去发生了什么，希望类似问题不要再发生了。规章制度是根据人的变化和企业的发展而定的，是针对一个群体而不是针对某一个人。当你认为规章制度是针对你个人的时候，你可能已经违反了制度，或者说你在心里没有认同这种制度。

俄罗斯教育家乌申斯基曾说过："如果你养成好的习惯，你一辈子都享受不尽它的利息；如果你养成了坏的习惯，你一辈子都偿还不尽它的债务。"遵章守纪也是一种习惯，当你认同企业制度并有良好的心态去执行它的时候，任何制度在你面前都是帮手，都会助你走向成功。一切行动听指挥就是遵章守纪的表现。不管什么时候，严格服从，听从指挥，才是合格员工应该做的。对员工来说，服从指挥就是成功的第一步，自认为忠诚于企业，爱岗敬业，如果没有服从，那也只是空谈，不可能成为一名优秀的员工。在工作和生活中，你是否常常报怨命运对你不公平？机会总是出现在别人身边，跟你无缘，当你想一展才华的时候，却苦于有力无处使？有人说，机会是一个小偷，来的时候悄无声息，走的时候却让你损失惨重。机会不是从天而降的，它来自于苦干，来自于你对领导的绝对服从，来自于你对责任的承担。

企业衡量一个人是不是一个优秀的员工，首先要看你是不是一个不找借口，服从指挥的员工。一个富有责任心的人，不用别人逼迫，就能认真服从命令，自觉主动积极地完成任务。服从指挥就是无条件地执行，快速认真地遵照上级的指示完成任务。服从指挥就是不找借口去执行；没有任何借口才是员工正确的工作态度和行为准则。抛弃找借口的习惯拒绝任何借口，主动承担自己的责任，这样的员工才会有积极的人生；世界上最轻松的也是最愚蠢的就是找借口。有些员工在出现问题时不是想办法而是找借口逃避困难，忙于找借口推脱，这样他就会每天比别人差一点。要做一名优秀员工就要绝对服从，没有任何借口的去完成领导所决定的事情，不要表现自己的小聪明,当领导需要我们发表意见的时候,要坦而言之,尽其所能,把公司看成一个大家庭,抛开任何借口,投入自己的忠诚和责任心,明白一荣俱荣,一损俱损的道理。

东北有家企业因经营不善导致破产,后来被日本一企业收购。厂里的人都在期盼着日本人能带来什么先进的管理方法。因为大家都知道,公司之所以破产,很显然,是因为企业管理方面出了问题。技术、设备和人力是完全不存在问题的。出乎意料的是,日本只派来几个人,除了财务、管理、等要害部门的高级管理人员换成新来的以外,其他的根本没动。制度没变,人没变,机器设备没变。日方就一个要求:把原来制定的一系列制度坚定不移地执行下去。原先那些在制度面前嘻嘻哈哈一笑而过的人,因为换了新老板,再也不敢自作主张地做出结论,一切都按照厂里制定的原则办事,结果不到一年,企业就扭亏为盈。

由此可见,服从指挥也是一种对公司、对自己负责任的表现。任何一个公司都希望自己的员工不光有过硬的专业技术本领,还要有认真负责的工作态度,这才是关键的。如果能力不够,可以培养,态度不够则不能用。当然负责任的精神不是天生的,对大多数人而言,负责任的精神是需要培养和锻炼的,这种培养和锻炼的起点就是迈入职场的那一刻。从你的第一份工作开始,就对工作认真负责,总是能积极主动地工作,这样经过一段时间,负责任便成了一种自然而然的习惯,即使到了其他职位上你也会一如既往。不管是在生活中还是在工作中,负责任的精神都是不可或缺的,它将会使你终身受益。

把责任作为一种生活态度是美好的。这样,你既不会觉得责任会给自己带来压力,也不会因为自己承担责任而觉得别人欠了你什么。尤其是当责任由生活态度成为工作态度时,工作对于自身的意义就不仅仅是赚钱那么简单，也就不会因为公司的规定而觉得自己的自由受到了羁绊，更不会作出损害公司利益的事。俗话说，没有规矩不成方圆。但在实际工作中，经常出现有章不循、工作随意、办事拖沓、落实不力等现象，上司们也经常为这些感到头疼。为此，领导层经常抱怨中层管理干部不听话，随意性太大，怕得罪人，导致"总部的决定走不出职能部门"，很多好的想法在执行层自以为人情化地"修饰"后被打了折扣，延误了时机，甚至夭折；中层管理人员也经常叹言自己的部下工作能力差，交办的很多工作都达不到预期效果，大大降低了工作部署的严肃性和工作效率，影响了职能作用的发挥。其实，上述问题的症结就只有一个原因，那就是从上到下全员缺少服从意识。有的人喜欢走捷径，钻制度的空子，自以为是地按照自己的主观臆断去执行，还贴上"与时俱进、创新发展"的标签。结果所办之事与所预期的效果相差甚远。企业制度上所说的一切行动听指挥，就是要坚决服从工作命令，一丝不苟落实工作安排，清楚干什么、干到什么程度，需要达到什么样的效果。

不管什么时候，服从指挥，是一个员工对企业热爱，对工作负责的基本要求。天马行空，随心所欲是无知的人玩的游戏，对于员工而言，玩不起，也不可能玩得下去。没有真正意义上的服从，执行就是一句空话，就会延误战机，就会对企业带来损失，所以，只有绝对服从指挥的员工，才担得起工作的责任，才是可能有作为的员工。

有人认为遵章守纪，服从指挥是拿自由交换的。遵章守纪就失去了自由。这是自由散漫的人为自己的失败找的借口。但是在人类的社会中，人们的自由，都是受一定的约束的。否则，你的自由，就会妨碍到他人的自由，你的自由有可能会与法律相冲突。遵守纪律，听从指挥，不光是一种结果，更是一种过程。这个过程是我们每个员工都要经历的。"遵章守纪就是依法办事，按规操作，对自己的岗位负责任。"制度是企业的秩序和规范，是确保企业有效健康运行的法则，是从业人员人身安全的保护神，如果法则遭到破坏，就会扰乱企业的正常秩序，企业的健康发展就会受到影响，从业人员的人身安全也就会受到损害。只有做到遵章守纪，在自己的岗位上真正做到明职责、细制度、严操作，提高自身的业务素质，才能真正实现自我完善。

  2005年12月6日，上午8点40分左右，燃料车间机械二班对3号筒仓减速机进行解体检修，作业人员违反检修工艺要求，违章操作，在小对轮顶出后，工作班成员用手锤振打大齿轮，打算振松后用拉子和千斤顶将大齿轮拉出，由于手锤下落的位置正好落在齿轮的边缘处，造成齿轮边缘处一块长6mm宽约1mm的铁屑断裂飞出，将一名员工眼睛击伤，造成重伤。

  违章操作是事故的重要原因。根据齿轮的制造工艺，齿轮与齿轮的啮合处是采取淬火工艺加工成的，为的是减少齿轮与齿轮之间的擦损，提高使用寿命，装配时要采用正确的方法，防止齿尖断裂啮合不良。而此次减速机齿轮拆装，没有按照输煤检修工艺规程的要求，而是直接用手锤锤击齿轮，铁碰铁，造成齿轮边缘断裂，是造成此次事故的直接原因。

  检修工艺规程形同虚设，作业人员没有学习检修工艺规程，也没有相应的作业指导书作为检修质量标准。而是按常规、惯例，违章作业，是造成此次事故的主要原因。

  我们说爱岗敬业是本份，遵章守纪是责任。安全规章制度不是束缚我们的绳索，而是指引我们正确前进的航灯。遵章守纪不是承诺，而是心中的坚守，不是被动的履行，而是主动地尽责。在日常的工作中，每个员工都要认真做好手中的每一份工作，关注每一个细节。对待手中的每一项工作要做到事前计划、事中督导、事后考评，实行全过程管理。严格按照企业的规章制度办事，制度约束了员工的自由散漫，同时也保护了更多员工免受其他成员的"自由"干扰。如果没有制度，员工的劳动成果可以被其他成员随意获得,如果没有制度,企业内就没有公平,没有竞争,甚至没有人格尊重。

  企业是一个经济组织,为了实现其目标,必须建立起一整套完善的管理制度,以此来规范员工的行为,这就是企业每个员工都必须遵守的纪律。一个企业,如果纪律执行不严,员工就会一盘散沙。反之,如果纪律严明、赏罚有度,企业的凝聚力、战斗力就会油然而生。一个团结协作、富有战斗力和进取心的团队,必定是一个有纪律的团队。同样,一个积极主动、忠诚敬业的员工,也必定是一个具有强烈纪律观念的员工。纪律是一个人敬业的基础。员工工作做得好不好,首先要看这个人在工作中有没有遵守企业的规章制度,只有从思想上理解企业纪律的重要性,行为上养成遵守纪律的习惯性,才能做好本职工作。

6.

团结协作,顾全大局

  歌德说:"不管努力的目标是什么,不管他干什么,他单枪匹马总是没有力量的。合群永远是一切善良思想的人的最高需要。"团结协作是一切事业成功的基础,是立于不败之地的重要保证。团结协作不只是一种解决问题的方法,而是一种道德品质。它体现了人们的集体智慧,是现代社会生活中不可缺少的一环。"三只蚂蚁来搬米"之所以能"轻轻抬着进洞里",正是团结协作的结果。团结协作是一种能力、一种智慧、一种艺术。

  世界上几乎所有的生物链都存在着协作的关系,而这以狼更为明显。狼是群动之族,攻击目标既定,狼群起而攻之。头狼号令之前,群狼各就其位，各司其职，嚎声起伏而互为呼应，默契配合，有序而不乱。头狼昂首一呼，则主攻者奋勇向前，佯攻者避实就虚而后动，后备者厉声而嚎以壮其威……独狼并不强大，但当狼以集体力量出现在攻击目标之前，却表现强大的攻击力。在狼成功捕猎过程的众多因素中，严密有序的集体组织和高效的团队协作是其中最明显和最重要的因素。如果把狼的"团结协作精神"应用到我们的工作中，必是"同心山成玉，协力土变金"的功效。

协作往往意味着大家共同付出，但这付出的背后又有各不相同的力量。有时可能你付出的比别人要多，有时有可能会因为整个团体而需要牺牲个人利益。所以，在协作过程中，我们不能只顾自己的利益，眼前的利益，要以大局为重，团结协作，以达到最终的目标。古语云："不谋全局者，不足以谋一域；不谋万世者，不足谋一时。"这就告诉我们，看问题，办事情，都不能仅仅看到一时一事，而要善于从大局、从长远来观察和谋划。一个员工同样要有大局意识，不管在什么时候都以团队的利益为重。大局就是关系到事物生存和发展的整体，也就是全局。顾全大局就是决策、谋发展和考虑问题，要从全局出发、从长远出发，不能只顾眼前、只顾局部，更不能只顾个人利益的得失。

顾全大局，先是要包容队友。把自己置身于领导的位置，向其他人发号施令，然后坐等结果。结果不满意又开始指责别人，这种人最终会让队友失去信心，不愿意与其合作。因为这种合作是无味而缺乏生机的。包容队友的错误，承认自己的不足，这样才能让大家相互体谅，相互帮助。一味地要求别人而自己却做不到的事情，别人也不会做得完美。居高临下的感觉可能实在是威风，但威风过后是失败，是无尽的麻烦。这是上司不愿看到的，也是协作过程中最容易失败的原因之一。有的人在协作过程中稍有不满就开始抱怨，开始丧失信心。在他们看来，自己只是个小我，对于企业并没有多大影响，所以，个人利益一定要得到，而企业的利益是由那些有能力或者当领导的人来维护的，与自己无关。企业是由无数个个体组成的。一个员工有这样的想法确实没有什么影响，但多了，影响就大了。

2006年9月7日，河南省煤田地质局一队131钻机在某地施工时起拔套管遇阻，只见钻搭摇摆晃动，四股钢丝绳在哧哧地冒着油烟并发出咔咔的响声，钻探设备和人身安全受到严重威胁，钻机负责人立即打电话向处里请求支援！

接到请求后，工程处主管钻探生产的副处长阎小举和钻探工程师董师一起奔赴钻场。来到现场后，阎小举顾不上歇息，会同有关人员立即寻找解决方法。

时间一分一秒地过去了，到9月8日，已想了很多办法，套管却依然拔不出来。"500多米的套管对钻机和工程处来说也是一个不小的损失呀！"强拔不行，阎小举就和董师傅商议用千斤顶"顶"出来。9月9日，阎小举和机组人员一起挖沟、垫板、放千斤顶。放好后他亲自操作，不一会儿就满脸是汗……

9月9日下午，套管终于被千斤顶一点一点地"顶"了出来。他们一米一米地顶，然后一米一米地割。9月12日，500米的套管全部被拔了出来，国家财产保住了。然而大家不知道的是2006年9月9日至10日是国家安全注册工程师考试的时间，阎小举报了名却因为工作错过了考试。

国家安全注册工程师考试是两年一考，机会难得，如果通过的话，对于个人而言意味着机会、荣誉、地位和财富，许多人对他的缺考表示惋惜和同情。他却对此表现得很淡然，说："这次没考成，还有下次嘛，我处已经有两位钻探工程师去参加考试了，如果我再走，钻机怎么办？"

在个人利益与集体利益的抉择面前，阎小举选择了后者，他虽然错过国家考试，但却赢得了单位领导的赞赏和同事的敬佩。

这就是顾全大局，就是所有公司都需要的大局意识。以牺牲自己的小利益来保全集体的大利益，这种人是值得我们敬佩和学习的。一个懂得牺牲小我，顾全大局的人也必定是一个胸怀大志、聪明绝顶的人。因为他知道只有集体的利益得到了维护，个人的利益才有保障。一个人只有把自己和集体事业融合在一起的时候才最有力量，也只有把自己的利益与集体利益联系在一起，才能有大局意识，才能在关键时候舍小我，顾全团队。

与人很好的相处、合作是一个团队成功的关键，也是一种美德，它体现了人们的集体智慧。团结就是力量，任何一项伟大事业成功都不是依靠于个人卓越的能力，而是团结协作。正确认识自己，把自己融入到集体当中去，参加集体活动，增加团队协作精神，团结身边的每一个同事。参加集体活动，可以增强我们的团结协作意识，进而产生协同效应，在遇到困难或者出现问题的时候，同事之间才能相互帮助，一起来想办法、拿主意，着力于解决遇到的困难。如果不团结，就会各怀心事，你遇到困难，他在一旁看热闹；他遇到困难，你视而不见甚至落井下石，这种状况是无论如何也搞不好工作的，无论如何也不可能达到我们想要的目标。每个人都一样，遇到困难的时候一定是希望身边的人能够伸出手来帮扶自己一把。但是如果我们平时在工作中无视别人的困难，不与大家为伍，到真正困难的时候，谁又会愿意与你为伍呢？向别人伸出手帮助其实并不难，也许对于别人来说很大的困难而你却可以轻松解决，那么何不伸出手呢？在职场上看似帮助别人的事情，其实是在为自己积攒人脉，为自己铺就成功的路。"赠人玫瑰，手留余香"。助人有助人的快乐，被人帮助有被人帮助的感慨。团队中只有大家团结一心，你帮我扶，才能共创未来。

有的人以坚守自己的岗位为由，不理会别人的困难，更不愿伸出手去帮扶"这个工作我没经验，还是你自己做吧""已经分了工，我做好我的就行了，他人的事情我还是少操心吧""凭什么总是我在做，别人不努力难道也要我来承担责任吗"……怨言和不满总是自私的最好借口，在抱怨的同时其实大家心中都明白，谁都会有犯错的时候，谁都不是超人，需要帮助是很正常的事情，如果凡事都能一个人搞定，那还要团队干什么？不团结的队伍总是会出现部门之间好事情你争我抢，一旦遇到难题就你推我让，而员工之间更是扯皮，埋怨，总想好事都轮到自己头上，坏事都由他人承担。天下哪有那么多好事等着你？如果人人都这么想，到最后拖垮了企业，自己也失了业。一个单位，如果组织涣散，人心浮动，人人自行其是，甚至搞"窝里斗"，何来生机与活力？又何谈干事创业？在一个相互敌视的环境里，个人再有雄心壮志，再有聪明才智，也不可能得到充分发挥！只有懂得团结协作的人，才能明白团结协作对自己、对别人、对整个单位的意义，才会把团结协作当成自己的一份责任。

团结协作是一切事业成功的基础，个人和集体只有依靠团结的力量，才能把个人的愿望和团队的目标结合起来，超越个体的局限，发挥集体的协作作用。一个不愿意团结他人的人，不仅事业上难有建树，很难适应时代发展的需要，也难在激烈的竞争中立于不败之地。现代社会分工细化的要求就是合作，个人英雄主义早就不适应于团队，不适合创业。因为知识是无限的，而人的精力是有限的，没有人可以将世上所有的知识都学尽，都掌握，即使你在某一方面是了不起的专家，但在另一方面你可能就是一张白纸。把大家团结在一起，各自发挥能量，再把力量相加，这样我们才是最具战斗力的英雄团队。合则共存，分则俱损。如果因为心胸狭隘，单枪匹马去干事，放着身边的人力资源不去利用，结果只能是事倍功半，甚至更糟。

真心团结他人，与他人真诚合作是热爱企业，热爱岗位，顾全大局的好员工。新时代不仅要求我们有足够的技能，还要有足够的胸怀，乐意团结，共同合作，顾全大局，不以小利而舍弃合作，不以个人思想而耽误合作，只有做到这些，我们才算得上是一名真正的大国工人。

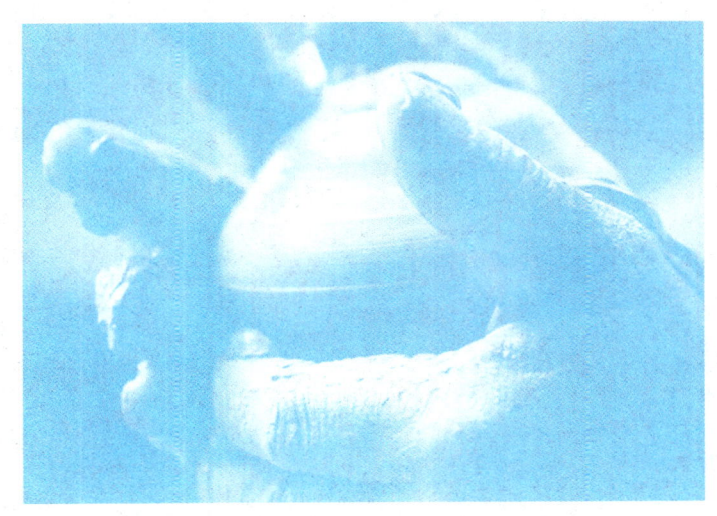

改变思维方式，用互联网思维引导开启制造业新时代

　　新时代有新契机，当互联网进入千家万户的时候，制造业也不例外地进入到互联网时代，新时代的工人除了发扬和传承历代工人的创造精神，还要改变思维方式，适应社会潮流与发展，将我国制造业引领到一个全新的网络时代，使产品更高端，制造更先进。

1.

互联网+时代的制造业与互联网思维

李克强总理曾说过,《中国制造2025》和"互联网+"是不可分割的,要使中国制造向智能化的方向发展,必须依靠互联网,依靠云计算,依靠大数据,这样才能使中国200多项产量占世界第一的工业产品能够跃上新的水平。众所周知,中国制造业正面临前所未有的困境与压力,目前发展方向是用互联网思维重视传统制造业,利用互联网转型升级和提高自主创新能力。互联网思维,就是在(移动)互联网+、大数据、云计算等科技不断发展的背景下,对市场、用户、产品、企业价值链乃至对整个商业生态进行重新审视的思考方式。互联网思维具有六大特征:大数据、零距离、趋透明、慧分享、便操作、惠众生。这个崭新的时代,人们将以互联网为导体,实现资源共享。在互联网经济中,垄断生产、销售以及传播将不再可能。在互联网中,个人与企业的价值是由连接点的广度跟厚度决定的。你的连接越广、连接越厚,你的价值越大,这也是纯信息社会的基本特征,你的信息含量决定你的价值。所以开放变成一种生存的必须手段,你不开放,你就没有办法去获得更多的连接。

信息时代,制造业面临着大变革。中国制造业发展的大方向和大趋势就是要从制造大国走向制造强国,构建成具有国际竞争力的现代产业体系。互联网的开放、互动特性,将改善制造业的整个产业链。随着互联网日趋完善,互联网渐渐由消费领域扩展到生产领域,从服务业拓展到制造业。世界各国经济都在从工业经济向信息经济转化。互联网+就是互联

大国工人：
中国制造崛起的资本

加各项传统行业，我国是制造业大国，也是互联网大国，推动制造业与互联网融合，有利于形成叠加效应、倍增效应。加快新旧发展动能和生产体系转换，前景广阔，潜力巨大。目前不光是中国，每个想发展制造业的国家都要与互联网高度融合，加快建设和发展工业互联网，才能使传统的制造业有明显的发展与进步。移动互联网与制造业的融合发展，是建立在三个基础之上的：一是连接，二是云，三是安全。关于连接，目前有一些思想守旧的企业把自己的数据存放在自认为安全的内网上，这不仅制约了经济的发展，容易造成生产和消费脱节、连接失效，同时也并不安全。互联网在解决这一问题方面有天然的优势，可以帮助制造业企业打通线上线下，把信息网、销售网与供应链融合起来。借助移动互联网，制造业企业可以动态感知用户需求，从而组织研发、制造和服务，实现智能制造。当然这是一个系统工程，需要政府、制造业企业、互联网公司，以及大量的第三方服务机构一起努力，从一点上也显示了互联网是合作才能产生共赢的特点。关于云、互联网与传统制造业的结合点，是工业云平台。这是目前先进制造业战略竞争的焦点，也是抢占制造业数字入口的关键。关于安全，未来的安全问题，需要互联网企业与制造业企业，形成紧密的安全联盟，防患于未然。然而人们还是因为把信息公开于互联网而忐忑不安。其实这个担心是多余的。因为互联网的存在，商业模式必然是建立在平等、开放基础之上，互联网思维也必然体现着平等、开放的特征。平等、开放意味着民主，意味着人性化。从这个意义上讲，互联网经济是真正的以人为本的经济。全新的工业互联网模式不仅能实现万物互联、还能极大程度提升工业领域企业的生产效率与可靠性，促成行业生态合作、共赢发展。

2014年，中国美国商会公布的《中国商务环境调查报告》显示，七年前中国是绝大多数会员企业的首选投资地，但目前已经下降到20%。从国内来讲，近些年来，我国制造业也面临着诸多严峻的挑战。我国制造业虽然规模总量庞大，位居世界第一，但大而不强的现象普遍存在，自主创新能力不强，核心技术和关键元器件受制于人，产品质量问题突出，资源利用效率偏低，产业结构不合理等问题是制约我国制造业发展的主要原因。中国制造业想要挑起世界经济大梁，必须依托互联网不断推动转型升级。

互联网是迄今为止人类所看到的信息处理成本最低的基础设施。互联网天然具备全球开放、平等、透明等特性，这使得信息和数据在工业社会中被压抑的巨大潜力被挖出来，转化成巨大的生产力，成为社会财富增长的新源泉。就制造业而言，当今时代，全球已进入4.0时代，全球化工业互联网化渐成大势。工业4.0的核心是建设"有智商的工厂"，以满足市场日益个性化的产品需求，同时能控制这种奢侈的个性化生产所带来的成本飙升问题。对中国制造业而言，以互联网为纽带，把产品、资源和人有机的联系在一起，推动各环节数据共享，实现产品安全生产周期和全制造流程的数字化，是当务之急。

传统制造企业对互联网发展和机遇充满期待，传统制造业的模式经历了漫长的蜕变和累积，已经准备好接受时代的变革，通过用互联网的优势过渡制造业的劣势，把制造业和互联网的缝隙更好的融合，以网络思维发力制造业，制造业将会迎来历史上的最辉煌时代。把互联网经济与制造业看成是对立的人，是思想守旧，不敢革新，又自私的人。因为互联网的共享与透明让一些渴望垄断整个制造业市场的人梦想落空。互联网时代是大势所趋，是人类进步的必经之路，制造业与它完美融合，将会形成一个更高端、更和谐、更先进的产业体系。

2.

用户思维：制造的根本是为用户服务

用户思维是从自己的需要出发考虑事情的思维方式，这里的用户，可

大国工人：
中国制造崛起的资本

以是公司的客户，使用产品的用户，也可以是合作部门提需求的同事，也可以是老板。用户思维一般逻辑特别简单，只有需求和想要的结果，关注表现层的东西，没有执行的过程。说得更明确一些，用户思维就是只要我希望的，你就必须具备。比如消费者买电视机，他认为电视就该是打开就能看，就有声音与图像，就应该有自己希望看到的节目，至于电视机是怎么生产的，信号从何而来，各类节目需要花多少钱，这一切都与他无关，只要是他希望的都有，那么这个产品就合格，但凡有一样不如意，那么这个产品就不合格。再比如客户买回一台电脑，即使因为自己不会让它升级造成系统不能用，也是不合格的产品——为什么不先让客户明白使用方法？用户思维模式是对产品更高要求的体验，说明白点，那就是制造的根本是为用户服务的，如果跟不上用户的满意度，证明这个产品是失败的。

就制造业而言，用户思维是按照用户导向，以满足用户需求来自我定位。看市场还有哪些细分用户群体的需求没有被满足，并找出原因，做出同类更优质的产品来满足他们。站在用户的角度直接描述产品利益点，让用户不用去猜测这个产品是否适合自己，而是一看就能断定，这就是我需要的产品。人们生活水平越来越高的大环境下，人们对各类产品的质量要求也越来越高，只有真正做到让用户满意，让用户离不开它，才是产品的胜利。过去用户购物更多是被动选择，就像很多东西只一家生产一样，你就算不满意，但没办法，出于需要，你还是不得不购买。但互联网及网络社区的出现，让用户能够更充分地表达自己的需求与感受。可以说，这是一个用户体验为王的时代，用户体验的满意度，标志着你所生产的产品是否具有占有市场的能力与价值。

曾有这样一则小故事。

360曾生产过不受用户欢迎的路由器。最开始，他们设计出的路由器是鹅卵石形状，外形小巧优美，并在保证信号强度的前提下采用了内置天线。此外，通过用户调研发现，大部分用户都是无线接入。于是，他们就只保留了2个网线接口。但这样看似完美的产品，却遭受了销售的困境。其原因是，用户对路由器产品的理解和期望是另外一番情况。

用户觉得，"那么小一个盒子，怎么会这么贵""居然没有天线，信号肯定不行——人家都三四根天线""接口那么少，将来不够用了咋办？"后来，他们根据这些用户的反馈，切实按照用户思维，对产品做了改进：调整了产品尺寸、增加了天线和网口，结果广受市场欢迎。

我们说一个产品是不是能得到用户的认可，看他的销路就明白了。也许有人会不承认这种说法。认为自己生产的产品明明就是社会上的需要品，至于为什么销路不可观，是因为还没找到合适的销售路子而已。但事实却往往告诉我们——当你在不停地为产品寻找路子的时候，你的用户很可能已经用上了竞争对手为他们量身定制的产品。他们正乐此不疲地享用着。仔细寻思，你是在为产品找客户还是在为客户制造产品？这两者之间是有很大差别的。为产品找客户是你还不知道有多少人需要你的产品，也不知道你的产品是否能让客户满意；而为客户生产产品，是你已经知道了客户的需要而量身为他们定制，产品一出，客户自然高兴接受。如果你是在为产品找客户，你应该换个思维方式，站在用户的角度来思考问题了。

很多企业倒闭或者濒临倒闭，并不是产品大不如前了，而是不能更多的满足用户需要了。比如现在哪款手机没有照相功能，可能会有用户选择吗？当然不会。即使购买手机的人从来不爱自拍，也不会去拍风景或人物，但就手机本身的功能而言，不具备是不行的。这就是用户思维，我可以不用，但你不能没有。我们强调用户思维，并不是说你所生产的任何一款产品都必须满足每个人的任何需求，这是不可能的，也是不现实的。一些企业力图让自己的产品服务功能应有尽有，到后来却"死"在了这上面。其原因就是每一个产品都应该有一个特定的目标人群，针对这一类人群而生产，满足这一类人群的需要就可以了，并不是满足全社会所有人的需要。比如小米生产的一款老人手机，专门针对老人，老人喜欢就行，至于年轻人看不看得上，没有关系。每个产品都不会永远完美，都需要革新与改进。当目标群体越大，这个标准就会越低。简单的说，没有哪一类产品是可以服务每个人的，从用户角度来说，他们也不喜欢自己爱上的产品是每个人都喜欢的。毕竟每个人的喜好和眼光是不相同的。

过去的很多产品和广告，基本上都是"骚扰式"的，商家一门心思的想着让更多人看到，而不顾具体的场景，利用各种渠道强行推广。互联网时代，想把一种产品通过强制的方式来让人接受是不可能了。人们通过互联网可以自由选择，通过互联网表达分享自己的满意度，这也是互联网的公平所在。用户思维是一种新型思维，它打破人类千百年来的生产观。以往的制造业，只要有货，就有人购买，今天的销售模式早已不是如此，只有为用户量身定制的产品，才是适合用户的。

 3.

粉丝思维：从客户的角度去制造

粉丝这个词语最开始问世的时候是指追星族，对某一些名人的狂热追捧，到现在已经演化成为对某一个人、某一件事或某一物的支持者。何为粉丝思维？顾名思义，粉丝思维就是粉丝们所想的，所希望得到的结果。从制造业的角度来说，那些用户并不一定就是粉丝。如今的粉丝已经不像简单的用户一样来要求产品，而是把自己的思维完全交付给制造商，在他们看来，制造商是值得依赖的，而且自己也十分愿意相信他们，只要是他们生产出来的产品,他们就喜欢,就满意,这就是粉丝思维。就好比羊群的头羊和蜜蜂中的蜂王,他们带着那些完全不思维的跟随者畅游天下,想走哪儿也不会遭到反对。因为他们有绝对的值得依赖的权威。

粉丝是一群认同你的价值观、你的品牌、你的产品,甚至会捍卫你的品牌声誉和影响力的人。拥有粉丝,就是拥有品牌的忠诚消费者,拥有品牌的传播者和捍卫者,是免费的宣传员,是最专业、最热心、最忠诚的用户。粉丝就是生产力,就如小米的粉丝一样,他们从不要求小米生产出来某一种自己喜欢的样式,也从来不会对小米有所评价,只要是小米的产品,他们就相信,就喜欢,就力捧。这也是为什么小米能够快速占领市场,成为行业翘楚的原因之一。用户思维与粉丝思维的最大区别是,用户有自己思想与要求,他们会刻意挑剔产品,而粉丝思维则是完全放弃自己的思考与意愿,自愿跟着产品走。

当然要拥有粉丝是件不容易的事情。从最开始产品的推销到用户的认可再到用户成为粉丝,这是一个长期考验的过程,只有真正把产品做到最优质,做到用户需要,做到为用户所想,为用户所需,并长时间关注与改良,才能得到用户的支持,才能拥有自己产品的粉丝。粉丝们一旦接受产品,就会对品牌企业百分百信任,即使产品偶尔出现缺陷,他们也能谅解并相信企业会很快解决。粉丝就是铁杆用户,就是产品的支撑者与最忠诚的拥护者。粉丝不仅喜爱你的产品,还会通过各种方式来宣传你产品的优势,让更多的人喜欢、爱上你的产品。

小米的粉丝希望所有的产品都能像小米一样让人喜欢,让人放心。

雷军的梦想是改变中国产品在老百姓心中的形象,让老百姓用上优质的产品。所以他强调真材实料,强调性价比。小米不仅听用户的意见,与用户做朋友,还愿意让用户参与进来,一起让小米变得更优质。互联网时代小米当然不能落后,他们运用互联网的技术,做电商直销,高效率的运作,最终使它的零售价接近成本价直销，赢得了大量粉丝的支持。传统的智能手机最大的缺点就是慢、卡。小米正是抓住这一特征，从"快"上下功夫。雷军坦言，我们做手机不是说把什么带给用户，而是用户需要什么，我们就把它做出来。用户需要什么？当然是既实惠又好用的手机。

随着小米上市，小米在市场的主导地位更加明显。可见小米手机选择走更彻底的互联网模式：充分听取用户声音，快速试错，快速迭代，是一种非常正确的决策。以前手机上市之后，性能和操作系统均已固化，就算发现任何问题也只能到下一版手机里解决，但是小米不同，它的操作系统MIUI是首个实现每周升级的手机操作系统。它一改传统手机系统"闭门造车"的模式，完全以用户需求为导向，MIUI团队的一大工作就是泡论坛，广泛收集论坛上粉丝的反馈，根据这些反馈来解决bug，推动升级。在小米公司，每天都有这样的讨论会，大家研究的都是用户提出的五花八门的新想法，比如手机丢了，怎么帮客户找回，比如在黑暗中，手机如何直接变成手电筒。一大堆老年用户希望有他们专用的手机，从接到需求，到推出老人手机功能，小米团队只用了一周的时间。数以千万计的小米用户成了小米研发的外援团，每天大量对手机的需求、意见、建议，都会通过微博、微信、论坛的渠道传递给小米，根据不同需求，小米手机的系统每周都会进行更新，每次更新都会发布几个甚至十几个功能，这其中就有三分之一是由用户提供的。

互联网的商业逻辑是，当你拥有足够多的用户之后，盈利模式的玩法指日可待。雷军深谙互联网的强大的粉丝力量，他的产品研发从互联网的需求的广泛征集开始，其小米产品的系统升级等也遵从网民的呼声。雷军泡小米论坛成为一种习惯，倾听"米粉"的声音，成为雷军每日的必修课。当产品以及服务的用户体验极大的提升之后，雷军成功的生产出互联网经济下的市场需求产品和品牌，再利用互联网进行分发和销售，利用互联网制造饥饿营销，让小米品牌的口碑进一步扩张，当庞大的"米粉"抢购新上市的小米产品的时候，小米的品牌营销便可称之为"无为而治"。作为纯互联网手机品牌，小米手机采用了互联网销售模式，不设线下渠道，最大规模地减少中间的渠道成本，大大降低了价格门槛。要知道，品牌手机在到达消费者之前，经过层层传统渠道，其成本抬升低则一两百元，高则六七百元。但在小米品牌的营销中，小米从不采用大规模投广告的传统方式，而是更注重和用户之间的沟通，进行口碑传播。"我不在意最终的销售数字，最重要的是用户满意度，如果大部分用户不满意，那么卖出去多少台也没有意义。"雷军说。负责小米手机营销的黎万强同样表示，他更关注在卖出第一二台、一万台的过程中，用户获得的体验是不是足够好，这样才能支撑小米长期的发展。

衡量一个企业是不是真正地执行了"用户至上"的理念，主要看三点：一是用户有没有参与到企业产品和服务的改善中来；二是用户有没有为其他用户提供服务；三是用户有没有带来新的用户。小米互联网模式无疑是成功的，而其成功的核心要素在于互联网时代，用互联网所特有的思维方式进行产品研发和营销，让口碑借助强大的互联网平台进行广泛而有效地传播，同时通过用户体验将互联网用户转化为粉丝经济，粉丝的狂热铸就了小米的互联网帝国之梦。也正是基于对粉丝的负责，小米才有今天的成功。如果我们每个行业都能像小米一样去制造，去生产，那么我们的产品就不会存在不合格，不存在有弊端，因为所有的产品都是你希望样子，都是你最喜欢的物品，你只管用就好了，其它的，厂家自会替你考虑周全。

4.

专注思维：集中精力做精品

弘扬"工匠精神"，精心打磨每一个零部件，生产优质的产品。只有打造更多的精品、优质产品，塑造更多的"中国品牌"，中国经济发展才能进入质量效益时代，中国制造业才能在做大做强中跻身世界前列。优秀的员工，是指那些集中精力、锲而不舍的人。他们会专注于自己的工作，无论多苦多累，不管多久多远，他们都始终坚守在自己的岗位上，兢兢业业，为打造行业精品而努力着。世界上成千上万的失败者，并不是他们的才能输于别人多少，而是他们没有成功人士的专注精神和坚持。集中精力做一件事，不管这件事情有多难，都一定会有完美的结果。就像乔布斯，因为专注于手机数码的新时代，才把苹果做到家喻户晓。专注思维强调的不仅是集中精力，还要持之以恒，坚持不懈。

有一个名叫庖丁的厨师替梁惠王宰牛，手所接触的地方，肩所靠着的地方，脚所踩着的地方，膝盖所顶着的地方，都发出皮骨相离声，刀子刺进去时响声更大，这些声音没有不合乎音律的。它竟然同《桑林》《经首》两首乐曲伴奏的舞蹈节奏合拍。

梁惠王说："嘻！好啊！你的技术怎么会高明到这种程度呢？"

庖丁放下刀子回答说："臣下所探究的是事物的规律，这已经超过了对于宰牛技术的追求。当初我刚开始宰牛的时候，看见的只是整头的牛，不知从何下手；三年之后，对牛的结构了解了，再也看不见整头的牛了。现在宰牛的时候，臣下只是用意念去接触牛的身体就可以了，而不必用眼睛去看，就象视觉停止活动了而全凭精神意愿在活动。顺着牛体的肌理结构，劈开筋骨间大的空隙，沿着骨节间的空穴使刀，都是依顺着牛体本来的结构。宰牛的刀从来没有碰过经络相连的地方、紧附在骨头上的肌肉和肌肉聚结的地方，更何况股部的大骨呢？技术高明的厨工每年换一把刀，是因为他们用刀子去割肉。技术一般的厨工每月换一把刀，是因为他们用刀子去砍骨头。现在臣下的这把刀已用了十九年了，宰牛数千头，而刀口却象刚从磨刀石上磨出来的一样。牛身上的骨节是有空隙的，可是刀刃却并不厚，用这样薄的刀刃刺入有空隙的骨节，那么在运转刀刃时一定宽绰而有余地了，因此用了十九年而刀刃仍象刚从磨刀石上磨出来一样。虽然如此，可是每当碰上筋骨交错的地方，我一见那里难以下刀，就十分警惧而小心翼翼，目光集中，动作放慢。等到刀运用到恰到好处的地方，轻轻一动，哗啦一声骨肉就已经分离，像泥土散落地上一样已经全部剔下来了。这样的时候，我提刀而立，四顾欣然，很为自己而得意！然后把刀收藏起来。"

十九年专注于一件事情，毫无疑问，就算是杀牛这样残暴的事情，在匠人的手下也会变得精致。我国有句古话："巧者不过习者之门"。任何一个事情重复去做，就能成为专家；重复的事情用心做，就能成为赢家。这些精湛技艺的得来，无非是专注于一件事情，而后经过大量的练习，不断追求至善境界，就能成为这方面的能手和专家。还有许多潜心于技艺、勤学苦练、不断精进的工匠，极致的技艺令人叹为观止。《卖油翁》中曾有一句话叫"无他，唯手熟尔"。意思是我这种绝技也没什么其他的秘诀，就是手熟罢了。"工多艺熟""熟能生巧"，这些都说明一个道理，那就是凡事在于勤学苦练，在于集中精力。

"离开了品质，中国企业想赢得国际竞争，就是空谈、空想！"不光是中国，任何一个国家都一样。品质是所有竞争的核心，品质是一个产品能否立于市场的前提。任何行业都有产品，但精品并不多见。互联网时代是一个让纯手工转向机械的时代，又是一个竞争而潜藏众多机会的时代。利用互联网优势，把原有的生产技术运用到岗位上，并专注于提练，我们就能打造出精品，我们就能让中国的制造业站在世界的前列，向世界骄傲地宣布，我们是世界上最优质的制造业主人。

5.

极致思维：制造出极致完美的产品

互联网的"快"与传统的"快"是不相同的。传统观念总认为，"慢工出细活""快有三分假"。但互联网不同，快速传播恰巧是口碑的表现。只有精品，只有真正是用户所爱，才能让别人都来争相为你做免费的广告。制造极致完美的产品，就要有极致思维。

小米作为全民关注的产品，雷军当然也成了"互联网思维代言人"。在他看来，专注、极致、口碑、快都是打造极致完美产品的必要因素。而口碑是一切竞争与占领市场的核心力量。没有口碑，一切都等于零。口碑是制造业主无法掌控的，唯有用质量说话，用精品来笼络人心。如果我们能把自己的产品做到极致完美，把服务做到让用户尖叫，只有用户想不到，没有我们办不到的境界，中国的制造业就会创造新时代传奇。极致思维是想别人不曾想，做别人做不到的事情。需要踏踏实实从小做起，慢慢去积累自己的能力，积累自己的实力，积累自己的眼光，积累自己的定力，积累自己的思想境界，然后一点点寻找产品中哪怕是竞争者认为可以忽略的瑕疵。在以往由于中国流通体系不够发达和终端成本昂贵，使得厂商很难直接面对终端用户，但是随着互联网的普及，各种信息迅速传播，消费者逐渐接受电子商务的销售模式，厂商才得以直接面对面接触消费者。而此时的消费者再也不是哪怕不喜欢也不得不买的旧日低要求，他们会在各种产品中苛刻地挑选自己最中意的产品。这一现象让厂商们既获得了无限的商机，又让曾经的"大而全"有些头疼。再大再全都不是消费者追求的，他们要的，是极致完美的产品，而不是敷衍了事的劣质货。"所谓极致，就是把自己逼疯，把对方逼死"，这话虽然极端，但用于制造业，却恰到好处。

北京 APEC 会议上，送给外国领导人和夫人的国礼，是一个像是草藤编织、有着藤编质感的果盘，里面有一条柔软的银色丝巾，丝巾上的图案清晰自然，赏心悦目，让人不由得想去摸一下。但只有你去摸了之后才猛然发现，原来这看似柔软的丝巾竟然全是金属的质地！这个让人叹为观止的国礼就出于錾刻大师孟剑锋之手，其精湛到极致的技艺和精美到极致的作品不由得让人赞叹出声，惊叹不已。

錾刻，是我国一项有近3000年历史的传统工艺，它使用的工具叫錾子，上面有圆形、细纹、半月形等不同形状的花纹，工匠敲击錾子，就会在金、银、铜等金属上錾刻出千变万化的浮雕图案。这是一个相当精细的手工活，要经过熔炼、掐丝、整形、錾刻等多道工艺，每一道工艺的要求都非常精细，不允许有丝毫的闪失，从开錾子开始，就需要高度的精致。不同的錾子敲击在金属上留下不同的花纹，因此，要錾刻一个精美的图案，第一步要开好錾子，每开一个錾子都是一次创新。

大国工人：
中国制造崛起的资本

孟剑锋就曾为了一把錾子反反复复琢磨了一个多月。为了分别做出果盘的粗糙感和丝巾的光滑感，孟剑锋反复琢磨、试验，亲手制作了近30把錾子，最小的一把在放大镜下做了5天，一把细细的錾子上一共有20多道细纹，每道细纹大约有0.07毫米，相当于头发丝粗细。开好錾子仅仅完成了制作国礼的第一步，最难的是，在这个厚度只有0.6毫米的银片上，有无数条细密的经纬线相互交错，在光的折射下才形成了图案，而这需要进行上百万次的錾刻敲击。这不仅需要下手时要稳准狠，同时又要特别留神，不能錾透了。上百万次錾刻，只要有一次失误，就前功尽弃。孟剑锋每一次錾刻都精心精意，丝毫不敢马虎。

用银丝手工编织中国结，所有的技师想都没敢想，准备用机械铸造出来，再焊接到果盘上，但是，铸造出来的银丝上有砂眼，尽管极其微小，孟剑锋心里却怎么也过不去这道坎。在他心目中，没有瑕疵，并且是纯手工，这才配得上做国礼。所以，他情愿一点一点地仔细敲打，只为做出最精美的作品。最终，精湛的手艺加上极致的用心，终于成就了一件举世无双、流芳后世的绝世精品！

孟剑锋的精湛手艺，不是一天得来的，是经过二十多年的勤学苦练练出来的。他已经在这个行业上奋斗了22年。为了提高技术水平，他勤练基本功，几个枯燥的动作，就花了一年的时间来重复练习；他利用业余时间学习绘画，学习中国各个历史时期的工艺美术知识，积极探索新的工艺制作方法，大胆改进创新，创作出大量贵金属工艺摆件作品；他尝试改变铸造的焙烧温度、化料温度和倒料时的浇铸速度，一次又一次、一遍又一遍，反反复复试验、来来去去对比，攻克了纯银铸造的工艺难题，使银丝錾刻更加精美。

任何时候都不要问别人是怎么做到的，所有成功的事例中，没有例外，那就是坚持与坚守。不管多少年，苦练与坚守是他们的法宝，是他们制胜的秘诀。行业里曾有"加长短板"一说，意思是把自己不足的地方通过各种方法弥补起来。但是对于制造业来说，加长短板是远远不够的，我们还要有最特别的长板，这个长板是你的竞争对手不曾有的。打造最受消费者欢迎的长板，让别人无法企及，这是极致思维，是要在单点中集中爆发，而不是面面俱到。

 6.

创新思维：让产品在迭代创新中越来越好

当今时代是知识经济时代、网络经济时代，也是信息经济时代，以创新谋求发展已经成为企业发展的必由之路。而且变化的速度也越来越快，"不创新，不改革就只有死路一条"已经悄然成为世界商业的游戏规则。创新是为了更有效的管理和运用企业资源，并进行合理的分配和调用，引入新的管理理念、方式来实现企业利润增加。从某种意义上来说，一个企业不懂得改革创新，不懂得开拓进取，它的生机就停止了。创新的根本意义就是勇于突破企业的自身局限，革除不合时宜的旧体制、旧办法，在现有的条件下，创造更多适应市场需要地新体制、新举措，走在时代潮流的前面，赢得激烈的市场竞争。对于制造业来讲，迭代创新更是重中之重。什么是迭代创新？就是重复改进或创造新的事物、方法、元素、路径、环境的反馈过程，并能获得一定有益效果的的活动或行为。迭代创新思维，是一种以人为核心、循序渐进的开发方法，它允许不足、可以试错，在持续改善中完善产品。迭代创新有两大特点,第一是微创新,第二是敏捷开发。微创新是在用户习惯的基础上做少数创新,让用户逐步接受;敏捷开发是说要不断尝试,小步快跑。迭代创新的真正内涵是基于用户反馈信息基础上的升华、积累、总结,是从"好"迈向"更好"的螺旋式提升。

在涟钢,有这么一群员工,凡事爱琢磨。他们用灵巧的双手及聪明才智,小改小革解决了很多生产中质量、工效等方面的技术难题。徐元飞就是其中的一员。一直以来,涟钢热轧板厂平整采用平辊,每套辊子过钢量在200~400吨左右,之后,辊子便会严重开裂,辊耗相当严重,运输成本庞大。徐远飞和平整机组人员对来料板形进行多次测量后,大胆改进,将平整辊磨出一个凹度,且改进操作水平,将老外的那套先设辊缝再建张力的方式改为先建张力,再设辊缝。就是这么一个"小动作",平整量立马明显增加,辊裂现象减少。再通过一个月的实践,徐远飞等又将凹度逐渐由以前的0.3mm提高到0.5mm,辊裂现象随之完全消失,过钢量迅速提高到了1500~1700吨。徐远飞通过仔细观察还发现,如果先平整宽板再平整窄板,过钢量可达2000吨以上。仅此一举,涟钢主线生产、辊耗、运输等费用一年可节省40万元以上。

和徐元飞一样爱琢磨小改小革的还有曾晓明。在长期的工作实践中,曾晓明发现,炼铁厂大高炉风口二套使用一段时间后,就会发现漏煤气现象,若不及时处理,风口二套会慢慢烧损。传统的方法是对二套进行更换。一个风口二套价值数万元,而且更换很费时,还必须断水,换下的风口二套在更换过程中会烧烂而完全报废。能不能对漏煤气的风口二套尝试采取修补方法呢?曾晓明的这一点建议立即得到采纳并付诸实施。经采用高温修补剂试验进行修补,取得了成功。曾晓明算了一笔账,按一年更换8

个风口二套计算，可节约成本近30万元，节省人力近800个，按50元/个计算，每年可节省人力工资4万元。

迭代源于一种数学求解。一般的数学计算中，多是一次解决问题，称为直接法；但问题复杂，需要考虑很多未知量时，直接法方向错了就可能永远达不到终点。这时，迭代法就发挥功效了。迭代从一个初始估计出发，寻找一系列近似解，发现一定的问题求解区间，从而达到解决问题的目的。遗传算法即为最常见的迭代法之一：模仿自然界生物进化机制，根据适者生存的原则，在每一代算法中，据个体在问题域中的适应度，产生一个近似解，从各种潜在的解决方案中逐渐产生一个近似最优解。迭代是一个重复反馈过程的活动，每一次迭代的结果都会作为下一次迭代的初始值，从而不断逼近目标或结果。把迭代创新运用到制造业，会有很大的优势。比如我们开发一个产品，一般是先定义需求，然后构建框架，然后写代码，然后测试，最后发布一个产品。这样，几个月过去了，直到最后一天发布时，大家才能见到一个产品。这样的方式有明显的缺点，假如我们对用户的需求判断的不是很准确时——这是很常见的问题，当你把产品拿给客户看时，客户往往会大吃一惊，这就是我要的东西吗？

而迭代创新就有所不同，构建一个产品后，我们可以在第一个月就拿出一个产品来，当然，这个产品会很不完善，会有很多功能还没有添加进去，问题很多，还不稳定，但客户看了以后，会提出更详细的修改意见，这样，我们就知道自己距离客户的需求有多远，根据客户的意见，我们来重新作框架设计、代码、测试等，进一步改进，再拿出一个更完善的产品来，给客户看，让他们提意见，如此反复，我们的产品在功能上、质量上都能逼近客户的要求，从而让客户更加满意，产品也会越来越好。

端正工作态度，一线工人的态度决定制造业的高度

时代无论如何变化，中国人朴实、善良与勤劳的根本不会变，工人团结、奉献与爱国的初心不会变。担起制造业崛起的大任，勤勤恳恳，兢兢业业，无私奉献是我们工人的本质，是大国工人的态度。也正是这种态度，决定了我国制造业发展的速度与高度。

1.

抛弃所有借口，担起岗位责任

杰克·韦尔奇说过："在工作中，每个人都应该发挥自己最大的潜能，努力地工作而不是浪费时间寻找借口。要知道，公司安排你这个位置，是为了解决问题，而不是听你关于困难的分析。"很多人在工作中把自己的工作指向得很明显，其目的并不是为了把自己的工作做好，而是在出现问题的时候，他们可以理直气壮地说出这样一句话："这不是我的事。"这是为自己不负责任找借口。有些人甚至明明伸手就可以处理的事情，偏偏把它摆放在那儿，让众人都明白，这不是我的事，不该我来做，我来管。公司因为有这种人，很多事被耽误，同事中因为有这种人，合作每每不会愉快。所以，我们说，"这不是我的事"并不是一句值得提倡的话，这种行为并不是一名好员工该有的。

小李是一家连锁餐饮集团公司的普通营业员。因为平时表现好，曾多次被评为最佳员工。有一次，这家连锁店里突然发生了一起意外事件。一位顾客在进餐时突然倒地，四肢抽搐，口吐唾沫。众人纷纷怀疑是食物中毒，甚至有人拿出电话通知报社和电视台。在这关键时刻，小李镇定自若，一方面指挥其他店员打急救电话，另一方面竭力安抚顾客，保证不是食物中毒。她告诉大家，食物绝对没有毒，并当场吃下很多饭菜。为了防止谣言扩散，她还请求大家等待急救车的到来，由医生判断事情的真正

原因。

不久，救护车来了，经验丰富的医生告诉大家，所谓"中毒"，其实是这位顾客的癫痫病发作，大家尽可放心食用。一场危机就这样解决了。

如果你把公司的事情当作自己的事情来做，不论什么时候，都没有"这不是我的事"这种意识，你就会为自己的手上的工作和身边发生的事情负责任，就会尽自己最大的努力来把事情做到最好。

我们每个人都要具有与企业共命运的责任感，如果我们每一个员工都把企业当成是自己的，我就是公司的主人，都以自己是老板的心态来工作，来对待工作中发生的事情，不但我们的企业会得到更大的发展，我们自身的能力也会得到提升，获得更多的成功机会。有的人经常会为自己的一些行为找借口：上班迟到了，会说"路上堵车"；工作不想做，会说"我负责任没有用"；只要想推卸责任，总不会缺少借口。

习惯是在不知不觉中养成的。好习惯如此，坏习惯也是如此。一旦养成了总是找借口的恶习，如果不及时改正，就会丧失责任心。找借口不仅是逃避责任、不承担责任，其实质是推脱、推卸责任，是一种坏习惯，甚至是一种恶习。工作中，我们经常可以碰到类似的情况：每当遇到自己不想做或是干得不顺心的事情，总是千方百计为自己寻找理由和借口，来为自己寻找一种安慰。而这种看似安慰实则是自欺欺人的。养成了寻找借口的习惯，就如同在服用一副慢性毒药，它会在不知不觉中扼杀你的希望、你的梦想、你的勇气、你的斗志、你的信心、你的责任心，直到最后使你的生命之树凋零。不少人一旦碰到问题，不是全力以赴去面对，而是千方百计地找出种种借口推卸、逃脱责任。长此以往，因为有各种各样的借口可找，人就会疏于努力，不再想方设法争取成功，而把大量时间和精力放在如何寻找一个合适的借口上。

他出生在农村,初中毕业就外出打工。他的第一份工作是在一家房地产代理公司做发单员,底薪800元,发出的单做成生意,才有一点提成。

上班第一天,老板讲了很多激励大家的话,其中一句"不为失败找借口,只为成功找方法"让他印象深刻。上班后,他干劲十足,每天早晨6点就出门,晚上10点还在街边发宣传单。连续拼命干了几个月,他发出去的单子最多,反馈的信息也最多,却没做成一单生意。为了给自己打气,他把老板告诉他的那句"不为失败找借口,只为成功找方法"写在卡片上,时时提醒自己。

后来,他的业务渐渐多起来,公司把他从发单员提拔为业务员。当时,公司销售的楼盘是位于市中心的高档写字楼,每平方米价值30000元。这种高档房,每卖出一套,提成丰厚。他暗自高兴,以为很快就能做出成绩。然而,一个月过去了,他一套房都没卖出去。终于有一天,有一名客户来找他。他喜忧参半,喜的是终于有客户,忧的是不知该如何跟客户谈。他脸憋得通红,手心直冒汗。但是,除了简单地介绍楼盘的情况外,他不知道再讲些什么,只能傻傻地看着对方。结果,客户失望地走了。

"不为失败找借口,只为成功找方法",他不断地给自己鼓劲,开始苦练沟通技巧,主动跟街上的行人说话,介绍楼盘。两个月后,他的沟通能力有了很大进步。有一天,一个拉着行李箱子的人向他问路,他热情地给对方指路,但对方还是不知道该怎么走,他干脆领对方去,还主动帮对方拉箱子。告别时,他顺手发一张宣传单给对方。那个人很感兴趣,第二天就找到他购买一套房,并说:"我平时很烦别人向我推销楼盘,但你不同,值得信赖。"这一单不仅给他带来了丰厚的收入,还让他更加自信。但他的业绩并不好,每个月只能卖出一两套房,在业务员里属于比较差的。

后来，公司组建成8个销售组，采取末位淘汰制，他处在被淘汰的边缘。这时，他又想起刚来公司时老板激励他们的那句话"不为失败找借口，只为成功找方法"，因此，他暗下决心，要想尽一切办法把业绩提上去。于是，当经验丰富的业务员跟客户交流时，他就坐在旁边认真地听，看他们如何介绍楼盘，如何拉近与客户的距离。他还买了很多关于营销技巧的书来学习，他学会把握客户的心理，判断客户的需求、实力，每次与客户交谈时都有针对性。功夫不负有心人，他的业绩开始稳步上升。

所有不可能做好的事情都是在为自己找借口。俗话说，只有办不到的人，没有办不好的事。借口给人带来的严重危害是让人消极颓废，如果养成了寻找借口的坏习惯，当遇到困难和挫折时不是积极去想办法克服，而是去找各种各样的借口，其潜台词就是"我负不了责任"，这种消极心态剥夺了个人成功的机会，最终让人一事无成。无论是谁，都不能对自己的工作持有消极态度。只有培养负责任的好习惯，工作中积极主动，一丝不苟，才能够在工作的过程中发现问题、解决问题，并保证自己时时刻刻都有所进步。责任能够让人战胜懦弱和自卑，因为在责任面前，人们变得勇敢而坚强。"责任制造环境，环境孕育成功"，只有勇敢地承担起自己的责任，在企业中做一个负责到底的好员工，才能够成就企业的发展，也才能够成就个人事业上的成功。借口只会让人越来越懒惰，借口只会让人越来越不负责任。在工作中不负责任是大忌，是无作为，是一步步把自己推向失败。制造业的工人如果没有责任心，他们生产出来的东西就会不合格，就会不为市场认可，不能令消费者满意，当然也就无力去与他人竞争。所以作为一名制造业工人，我们要抛弃各种借口，对岗位负责，对自己负责，对企业负责。我们要时刻警醒，也许我们的某一处小差错会给企业和国家带来严重损失，我们的责任和使命容不得我们找半点借口，只有我们

第四章◆端正工作态度，一线工人的态度决定制造业的高度

每个人都在自己的岗位上负起责任，团结一致，我们才能赢得最后的胜利。

 2.

一丝不苟，认真才能做出精品

"中国制造"正处在一个伟大变革的风口浪尖，以新一代技术为基础、以智能制造为主要方向的"中国制造"正推动着我们迎接新时代、创造新生活，实现从制造大国到制造强国的转变。何为制造强国？那就是不管我们制造出来的产品是什么，都有自己的技术，都能与同行业竞争，都能让消费者竖起大拇指，而且都是精品。当然精品不是那么容易得来的，它需要我们有一丝不苟的工作态度，还要有炉火纯青的技术。

一个有崇高目标追求的人工作标准就高，就会用心去想、用心去做，做到极致、追求完美。反之，若一个人缺乏更高的目标追求，满足一般、安于现状、沾沾自喜、小成即满，是很难成为有所成就的人。人的精力有限，能办成的事毕竟很少。如果精力分散，什么事情都去做，什么事也做不好，更别说做到极致了，到头来只会两手空空。所以，我们要在自己的岗位上，一丝不苟地把工作做细，做到极致。

他，27岁成为高级技师，创下了当时公司年龄最小高级技师的纪录；他，参与加工制造国产首台30MW燃气增压机组，摘取装备制造业"皇冠上的明珠"；他，先后有120余项技术攻关应用到生产实践中，创造了数以千万计的经济效益……他是董礼

涛，哈尔滨汽轮机厂的一名铣工。

1989年，从哈尔滨汽轮机技校毕业的董礼涛成为一名铣工学徒。他每天干的，就是用铣刀对各种零部件进行平面、沟槽、孔洞的加工。当时加工要求是将孔洞形位误差控制在0.2毫米范围内，董礼涛却想，能不能将它控制在0.02毫米？为了实现这个在别人看来是"野心"的"小目标"，他利用休息时间，捧着书本仔细钻研，趴在铣床上反复琢磨。

工作仅3年，董礼涛就在公司举办的各类职工技术比武活动中先后获得"铣工状元""技术大王"等荣誉称号。为此，公司曾一度改变比武规则，让他做技术指导，为的是把机会留给其他参赛职工。面对一些工友甚至前辈"光会比武，干活儿行不行"的质疑，董礼涛用一次次攻克别人无法攻克的难关证明了自己。后来，以他个人名字命名的工作法在全公司推广，"董师傅"成了所有人对他的称呼。"正是一次次比武训练，帮我积累了大量理论知识，为实践打下了扎实的基础。"董礼涛说。2008年，公司设备开始升级改造。在短短一个月时间里，董礼涛就熟练掌握了数控机床加工操作要领。但在一台进口设备中，一些装配件是公司无法自主生产的，没有成熟工艺和成功经验，只能依赖外协加工，需要支付巨额费用，这成了公司在新项目生产上难以逾越的难关。

董礼涛立志潜心研究，熟悉掌握新设备特点，自行设计成套工具，创造性地制定独特加工方案，不但提升了效率、节约了成本，更扭转了以往依赖外购或外协加工的被动局面。"加工出来的产品要像工艺品一样，精致完美。"董礼涛将自己多年用心积累的铣床加工技法汇编成册，成为最实用的加工指导书。如今，他带的不少徒弟在各类技术比武大赛中脱颖而出，成为生产中的骨干力量。董礼涛组建了工作小组，每天在微信群分享实操案例和注意事项，吸引了40多名铣工一同研讨业务。"董礼涛国家级技能大师"工作室成立3年来，承担了大量常规火电、核电产品、燃压机组和重点工程产品的中小部件制造攻关任务，取得了10项国家专利。

面对诸多荣誉，董礼涛始终保持朴素的平常心："我没有觉得自己多优秀，我认为工作就应该这样做。同样一个毛坯，消耗同样的电能、辅料和机床损耗，干嘛不做一个精品？"如今，国产首台65万千瓦核电汽轮机、国产首台100万千瓦超临界汽轮机、国产首台30MW燃压机组以及一系列国家重点工程项目中，都凝结着他的智慧和汗水。

从普通一线工人到知名技能专家，从攻克技术瓶颈到步入行业领先水平，从担当企业责任到肩负国家使命，董礼涛走过了近30年路程。在他看来，从制造大国转向制造强国，是我国产业工人共同的梦想。他要将铣削加工作为自己不懈奋斗的出发点，在助推我国制造业高质量发展的征程上稳步前行。

打造精品从态度开始。一丝不苟的认真态度是打造精品的基础。当工作的要求是0.2毫米时，你自己要求是0.02毫米，当工作要求三天完成时，你用一天半来做出与三天一样的产品，这就是态度，就是精品产生的原因。工人的态度决定产品的高度。

3.

踏踏实实，不摆"花架子"

所谓"花架子"，原本是指古戏舞台上演武将的一个行当叫"架子花"，是"花脸"的一种，观众所欣赏的重点之一就是他的功架（也称"架式"），即看他像不像武将。除了戏台之外，现实生活中所说的"花架子"，往往指一切专搞形式主义而不务实的人。现在我们说"花架子"就是形式主义，表面文章，当不得真，也落不了实的假模假样的行为，也指那些专搞形式主义而不务实的人。这些人，通常都是猛看其招式好像功夫了得，可细斟酌实为花拳绣腿。生活中，像这种背着"花架子"，持着假招式的并不少见，有的还稍有成就。但这种人终究会有露出本性，被人厌弃的一天。摆"花架子"的人，常常是脱离实际与工作目标，只关注形式，只注重手段、思维方式和行为习惯。这种人往往是哗众取宠，华而不实，外表光鲜，但真正动手能力却远不如人。中国工人要的是踏踏实实的工作作风，真正掌握技能的"高人"，而不是这种摆"花架子"的人。

要扔掉"花架子"，不做"假样子"，首先要有求真务实的精神，要有踏踏实实的作风，要认识到花架子和假样子的危害。识不足则多虑。有些人视野不宽、见识不广、钻研不深，技术不熟练，导致操作失误，影响一个团队的建设和业绩的提升。我们想问题、做工作、办事情，既要有很强的紧迫感，又要防止和克服急于求成、急功近利的心态，在工作中更好地把握节奏和规律性、增强工作的主动性、减少盲目性、克服片面性。要沉下心深入研究，发扬特长，真心请教，精技强能，弥补短板，最重要的是在工作中，一丝不苟，精益求精，绝不能摆"花架子"，出假招式，造成无法挽回的损失。

一个人是踏踏实实做事，还是摆"花架子"，关键看他对工作的态度。态度是个人内心的一种潜在意志，是个人的能力、意愿、想法、价值观等在工作中所体现出来的外在表现。态度就是你区别于其他人，使自己变得重要的一种能力。态度是衡量一个人能否获得成功的重要标准。一个人的能力来自于三个方面，知识、技能和态度。工作态度决定工作成绩，一个人的态度直接决定了他的行为，决定了他对待工作是尽心尽力还是敷衍了事，是安于现状还是积极进取。可能你有了踏踏实实的工作态度不一定就能成功，但是想要成功就必须要有踏踏实实的工作态度，这是铁的事实，是真理。

刘云清，1996年中专毕业成为一名普通的机床维修工，历时21年成长为智能装备的领军研发人员，获得了数十项科研成果、2项发明专利、3篇国家级论文以及2018年全国质量工匠。

每当行走在车间机器群组之间，刘云清总能从轰鸣声中感知哪一台出了异样可能"生病了"，而且几乎一下子就能判断出"病因"部位。2015年，当时国内功率最大的高铁制动设备一次锻压成型机出现故障，等候德国的配件需要1个多月。

刘云清说："线路有十万根以上，当时买设备的时候，光接线路就接了一年。它有一个螺旋杆，换一下就要3千万元，这个螺旋杆有两百吨重。当时领导束手无策，所以我想办法改造。我开始把所有线路理顺。机械、电气、液压、软件、控制系统，在我熟悉之后，分析问题所在。最后发现是一个机械和传感器配合发生故障，最终我们把它修复了。"

在外人看来，维修是个苦差事；刘云清却认为，维修有着广阔的个人舞台。2013年，作为关键工序设备的进口数控珩磨机故

大国工人：
中国制造崛起的资本

障频繁，精度波动大，而客户订单越来越大，每年有上百万件而且订单还在不断增多。数控珩磨机已成为制约产能的主要因素。

经过大半年时间的奋战，数千次反复试验，刘云清成功研制出新型龙门式全浮动数控珩磨机，其磨削精度可细到头发丝的二十到三十分之一，各项性能远超国外同类设备，且制造成本仅为进口设备的四分之一，填补了国内空白。

刘云清说："工匠精神应该是劳模精神和创业精神的综合体，新时代的工匠精神，更多地体现在创新、精益求精、干事认真、讲究奉献、敢于迎接挑战。我是个完美主义者，我不能允许把有瑕疵的产品提供给客户。从我手上流出的产品，应该是让公司、客户放心的产品。由我来办、马上就办、办就办好，这是我们中车的工作作风。"

在刘云清眼里，一项项设备维修任务就是一件件艺术品，需要他精雕细琢。带徒弟、带团队对他来说也是这样。中国中车2015年专门成立了刘云清劳模创新工作室，短短三年这个工作室共取得科技成果35项、专利17项，其中发明专利4项，自主研发设备200余套，设计建造机器人自动化生产线7条，创造产值1.5亿元。

多年练就过硬的技术，让刘云清在业内享有相当的知名度，如今刘云清带出的二十几个徒弟如今也能独当一面了。他的徒弟王皓说，"我师傅一直把一个个攻克的难题，看作是打磨一件件艺术品、言传身教、耳濡目染，让我们这一生都受益匪浅。"

踏踏实实就是要培养刻苦钻研的精神。不怕挫折，在工作岗位上大胆探索、创新创造。要养成勤学习、多读书、善探究、爱思索的好习惯，不断丰富知识，开拓视野，提高自身的综合素质。要自觉向实践学习，在实践中更新思维、开阔眼界，在实践中磨炼意志、学会忍耐，把自己打造成知识丰富、技能精湛、视野开阔、爱岗敬业的有用之才。

踏踏实实是一种态度,态度是做好工作的关键。一个人能力再强,没有好的态度,这个人注定没有发展的可能。如果能力弱一点,但有实干精神,有脚踏实地的态度,能力可以通过学习,通过锻炼来提升。如果一味地拿自己的学历来摆架子,不能沉下气来认认真真地做些事情,就很难在职场立足了。

不驰于空想、不骛于虚声,把个人的崇高理想与自己的实际岗位工作相结合,树立新的奋斗目标,把岗位工作当成自己的事业,踏踏实实做好每一项工作,认真把握每一天,只有兢兢业业地做好本职工作,才能不断充实自己,使自己的工作能力由量变发展到质变,在平凡的岗位上做出不平凡的业绩,这才是大国工人所要做的。

 4.

勤勤恳恳,把努力和勤奋作为自己的座右铭

勤奋是成功的基础,勤奋要勇于吃苦,勇于奋斗,勇于进取。要成功就不怕苦、不怕累、不畏艰难、不计个人得失;勤奋就是对自己的工作负责,做好工作中平平凡凡的每一件事,全心全意地、想方设法去完成每一项工作任务。牛顿说过:"你若想获得知识,你该下苦功;你若想获得食物,你该下苦功;你若想得到快乐,你也该下苦功,因为辛苦是获得一切的定律。"勤勤恳恳把工作做好,是一个人职业生涯充实而又有意义的起点。无论从事什么性质的工作,首先自己要用心,这样工作才会有目标、有动力、有责任。

大国工人：
中国制造崛起的资本

"付出多少，得到多少"是一条基本的社会规律，也许你的投入无法立刻得到回报，但不要气馁，一如既往地付出，回报可能会在不经意间，以出人意料的方式出现。在工作中，有很多时候需要我们比他人每天多做一点点，工作就可能大不一样。尽职尽责完成自己工作的人，充其量只能算是称职的员工。如果你在工作中能多做一点点，你就可能成为优秀的员工。无数事实证明：成功的最短途径是勤奋。比他人多做一点点不仅是员工良好职业道德的一种体现，更是员工做事获得成功的秘诀。古罗马有两座圣殿：一座是勤奋的圣殿，一座是荣誉的圣殿。但勤奋在前，荣誉在后，要走进后者是必须经过前者。这其实就说明了一个道理，勤奋是通往荣誉的必经之路，那些试图绕过勤奋，寻找荣誉的人，总是被荣誉拒之门外。在这个世界上，投机取巧是永远都不会到达成功之路的，偷懒更是永远没有出头之日。那些成功的人总是把勤奋和努力作为自己的座右铭，时刻提醒自己，唯有勤奋才有成功。

1936年，钱学森来到有着最负盛名的力学和航空动力学研究中心的加州理工学院，拜在被誉为"超音速飞行之父"的世界著名力学大师冯·卡门教授门下学习。这一待就是整整十年。十年里，钱学森拿出了上交大时练就的苦读功夫，开始废寝忘食地读书，他立志读完全世界现存的所有力学著作。整整三个寒暑，心无旁骛，埋头研读，每天坚持12小时以上，将买来或借来的全部力学书籍读了一遍，还将相关的现代数学、偏微分方程、积分方程、原子物理、量子力学、统计力学、相对论、分子结构、量子化学等学科理论进行了醉心的研究。这种"笨办法"为钱学森奠定了深厚的理论功底，钱学森戏称为"三年出货"法。他认为：基础打得不牢，总是要吃亏的，一定要积下足够的老本，才能举一反三触类旁通。此后，仅用一年时间，钱学森在航空结构理论研究中便取得了突破性进展。在冯·卡门教授的指导下，1939年

6月，完成了《高速气动力学问题的研究》等4篇博士论文，取得了航空和数学博士学位。不久，钱学森在冯·卡门领导下，参与了为美国空军提供火箭远景发展规划的制定工作。美国军方在总结第二次世界大战军事技术工作时，对钱学森的评价是：为战胜法西斯作出了"巨大的无法估价的贡献"。钱学森被舆论称为"帮助美国成为世界第一流军事强国的科学家银河中一颗明亮的星"，是"制定美国空军从螺旋桨式向喷气式飞机过渡并最后向遨游太空无人航天器过渡的长期规划的关键人物"。1947年2月，经冯·卡门的推荐，钱学森成了麻省理工学院的终身教授，时年36岁。

建国后，一心报国的钱学林历经千难万险终于回到祖国的怀抱，回国一直致力于航天事业的研究，众所周知，从1956年到1968年，短短的12年间，中国在一无资料、二无技术，经济基础薄弱，外国专家突然撤走的情况下，克服重重困难，自行设计、制造，试验并成功地发射了导弹、原子弹和人造地球卫星，取得了进入世界军事强国行列的入门券，令世人刮目相看，钱学森功不可没。

古人云：业精于勤，荒于嬉。这里所说的"勤"，也就是比别人多做一点点，即付出更多的劳动和努力。不要小看这"一点点"。古语说："集腋成裘，积沙成丘。"如果我们确确实实地做到每天比别人多做一点点，那么，日积月累，我们就能比别人取得更大的成就，拥有更多的收获。我们要永远要相信，勤奋和努力是会给你创造财富的。一个勤奋的人，他总是能够给人留下好的印象。当其他人在散漫、娱乐、偷懒的时候，你却在认认真真的工作；当别人在抱怨辛苦、诉说不满的时候，你还是在兢兢业业，那么，总有一天，别人还活在抱怨里，而你已经悄然成长，成为企业的中坚力量了。

大国工人：
中国制造崛起的资本

理想与现实之间隔着的是勤奋。只要勤奋，理想就能变成现实，只要勤奋，希望就在前方招手。做任何事，要想有所收获，就必定下苦功夫。要坚持不懈的克服前进道路上的一切挫折。有了勤奋努力，不怕吃苦的精神，再大的困难也难不倒我们，再辛苦的工作我们也愿意做。业精于勤而荒于嬉""天道酬勤""有耕耘才有收获"这些古训都是我们早已耳熟能详的。要想收获成功，必然要付出辛勤的劳动，没有人可以不劳而获。卓越者并没有什么"与生俱来的天赋"，他们比别人多的只是勤奋和努力。企业里总是有一些人拿自己的薪酬与付出相提并论。我只拿了这些工资，凭什么我要比别人多做一些事？其实，做得越多，就会得到的越多。自古就有"舍，得"一说，你舍得付出，才会有得到。不愿意付出的人，回报不会平白无故的光顾你。我们的工作是为了有更好的生活，所以与薪水挂钩本也无可厚非，但一味地追求不劳而获是不现实的，只有认真完成了上司交待的任务，我们才有资格谈论薪水。只有掌握了别人更高的职业技能，我们才有可能比别人收获的更多。

没有勤奋努力精神的人，要么就是对工作不负责任，一拖再拖；要么就找借口，把难点重点推到别人身上，自己只做些简单易行的。这些人即使在公司呆得太久也不会得到重用，更不可能挑起制造业的大梁。如果你也希望自己能在岗位上有所作为，如果你也希望自己能像其他同事一样在企业里独当一面，那么，就不要做那种既不聪明又不努力的一类，这实在是没有出路。勤奋的人不光容易受到重用，还能在不断地工作学习过程中提升自己的能力，让自己变得更强。因为有了勤奋努力的态度，他们在平时的工作中吸取知识，学到自己今后能够不断上升的技能。他们心里清楚，只有掌握了更多的技能，才能更好地为企业服务，才能如愿地实现自己的梦想。也正是有了这种勤奋努力的精神，他们才与那些甘愿平凡的落后者们距离越来越大。

5.

乐于奉献,不计较付出

"奉献精神"是一种爱,是对自己事业的不求回报的爱和全身心的付出。对个人而言,就是要在这份爱的召唤之下,把本职工作当成一项事业来热爱和完成,从点点滴滴中寻找乐趣。努力做好每一件事、认真善待每一个人,乐于奉献的人不仅会做好自己的工作,还会力所能及地帮助团队中其他成员。不计较个人得失,也不计较是否公平,只要自己还有力气,还有机会,就一定去帮助大家。有奉献精神的人会从小事做起,事事完美。没有奉献精神的人都是得过且过,做一天和尚撞一天钟,只要企业不倒,自己的工资就不会少。只要人还在企业,福利就不会少。企业是我们展示自我的平台,但如果我们不肯在工作中不断奉献和付出,这个平台再大再好也是枉然。平台只是让我们的能力有展示的地方,如何展示,如何让它的价值最大化,还需要我们有奉献精神。如果想让自己变得更加强大,那就必须学会奉献,学会付出,然后在奉献中茁壮成长。

甘于奉献是一种美德,更是一种力量。奉献的强大之处在于它能够促使人们去学习道德规范与道德准则,通过反思自身行为,把道德准则运用到实践中去,并进一步把这种奉献的品质传承、传递给他人。奉献需要排除私心,去为他人着想,为企业着想,一心为企业的发展而甘愿努力。奉献还要不怕苦,不怕失败,不怕挫折。一旦遇到挫折就后退,就把责任往其他成员身上推,这就是与奉献精神相悖的。你可能在工作中遇到各种意想不到的麻烦,也可能会因此而失去许多个人利益,如果你能坚持,你就有胜利的可能,如果你放弃或者为了个人利益而损害团队利益,你只能是失败。奉献并不是白白的付出,当你奉献爱心,帮助别人;奉献劳动得到成果时,你的内心是满足的而充满甜蜜的,你的心是踏实而平静的。这就是精神财富,是不愿意奉献的人不曾体会的幸福感受。在我国各行各业都有甘于奉献,不计较付出多少的优秀人士,他们为了国家的事业而兢兢业业,有的甚至把一生都交给了企业,交给了国家而无怨无悔。

黄旭华,中国核潜艇之父,广东汕尾人,1926年3月12日出生于广东省汕尾市红海湾区田墘镇,祖籍广东省揭阳县玉湖镇新寮村,交通大学1949届校友,中船重工集团公司719研究所研究员、名誉所长,中国第一代攻击型核潜艇和战略导弹核潜艇总设计师。开拓了中国核潜艇的研制领域,1994年当选为中国工程院院士。湖北省科协荣誉委员,曾任前中国船舶工业总公司719研究所副总工程师、副所长、所长兼代理党委书记、以及核潜艇工程副总设计师、总设计师、研究员、高级工程师等职。黄旭华为中国核潜艇事业的发展做出了重要贡献,在核潜艇水下发射运载火箭的多次海上试验任务中,作为核潜艇工程总设计师、副指挥,开拓了中国核潜艇的研制领域,被誉为中国核潜艇之父。

从1970年到1981年,中国陆续实现第一艘核潜艇下水,第一艘核动力潜艇交付海军使用,第一艘导弹核潜艇顺利下水,成为继美、苏、英、法之后世界上第五个拥有核潜艇的国家。1974年8月1日中共中央军委发布命令,将中国第一艘核潜艇命名为"长征一号",正式编入海军战斗序列。1988年中国核潜艇水下发射运载火箭试验成功,又成为世界上第五个拥有第二次核报复力量的国家。

1988年初,核潜艇按设计极限在南海作深潜试验。黄旭华亲自潜水下300米,水下300米时,核潜艇的艇壳每平方厘米要承受30公斤的压力，黄旭华指挥试验人员记录各项有关数据，并获得成功，成为世界上核潜艇总设计师亲自下水做深潜试验的第一人。在完成中国第一代核潜艇深潜试验和水下运载火箭发射试验后，黄旭华把接力棒传给了第二代核潜艇研制人员，此后致力于为核潜艇的研制献计献策，促进国家和地方的科技发展与人才培养。作为核潜艇技术领域的带头人，黄旭华率领团队开展了一系列重点型号研制，培养锻炼了一大批优秀的科技人才，其中包括中国工程院院士一位、船舶设计大师两位、中国船舶重工集团公司首席技术专家两位、核潜艇工程总设计师一位、型号总设计师七位、型号副总设计师三十余位。

由于严格的保密制度，长期以来，黄旭华不能向亲友透露自己实际上是干什么的，也由于研制工作实在太紧张，从1958—1986年，他没有回过一次老家海丰探望双亲。直到2013年，他的事迹逐渐"曝光"，亲友们才得知原委。

1988年南海深潜试验，黄旭华顺道探视老母，95岁的母亲与儿子对视却无语凝噎，30年后再相见，62岁的黄旭华，也已双鬓染上白发。面对亲人，面对事业，黄旭华隐姓埋名三十载，默默无闻，寂然无名。

他的办公室里没有空调，分房时挑了没人要的顶层，夏季室内温度经常达到39.5摄氏度，直至2005年，他才在家里装了一台空调。黄旭华没有专车，所里最好的两辆小车是买了几年的"桑塔纳"。黄旭华名片上面只有分机号码。

黄旭华曾先后于1978年获全国科学大会奖，1982年获国防科工委二等奖，参与完成的中国第一代核潜艇研制获1985年国家科学技术进步特等奖，导弹核潜艇研制获1996年国家科学技术进步特等奖。1986年，被授予船舶工业总公司劳动模范。1989年，被授予全国先进工作者。2013年，感动中国十大人物之一。2017

大国工人：
中国制造崛起的资本

年10月25日，荣获2017年度何梁何利基金最高奖——"科学与技术成就奖"。2017年11月9日，获得第六届全国道德模范敬业奉献类奖项。2018年3月20日，华人盛典组委会公布中国工程院院士、中船重工集团有限公司第七一九研究所名誉所长黄旭华获得"世界因你而美丽——2017~2018影响世界华人盛典"终身成就奖。

2013年，感动中国颁奖词上写道：时代到处是惊涛骇浪，你埋下头，甘心做沉默的砥柱；一穷二白的年代，你挺起胸，成为国家最大的财富。你的人生，正如深海中的潜艇，无声，但有无穷的力量。

为国家奉献一生，做出了巨大贡献，却从来都默默无闻，从不计较付出与回报是否相等。他是中国制造业的先锋，是中国最优秀的工人与知识分子，他是"中国的脊梁"。中国正是因为有了像黄旭华这样的伟人，才有今天的卓越成就，才有敢于迈向世界强国的勇气与信心。

乐于奉献是一种精神。奉献不是用嘴说的，它需要付诸行动。每个企业都可能存在这样的员工：他们每天按时打卡，准时出现在办公室，却没有及时完成工作；他们每天早出晚归、忙忙碌碌，却没有做出什么成绩。对他们来说，工作只是一种应付：上班要应付工作，出差要应付客户，工作检查要应付领导等等。这些员工做一天和尚撞一天钟，没有奋斗目标，没有责任感，终日应付了事。这其实是员工缺乏责任感的一种表现。这种人注定一生不会有所作为。如果怀着强烈的工作责任感，乐于多做一点，多奉献一些，就能从工作中积累更多经验，享受更多快乐，最终实现职场生涯的和谐发展。

乐于奉献，从不计较回报是一种境界。当员工将奉献当作人生追求的一种境界时，我们就会在工作上少一些计较，多一些奉献，少一些抱怨，多一些责任，少一些懒惰，多一些上进。享受工作给自己带来的快乐和充实感，有了这种境界，我们就会倍加珍惜自己的工作，并抱着知足、感恩、努力的态度，把工作做得尽善尽美，从而赢得别人的尊重，取得岗位技能上的进步。奉献是一种爱的体现，它充满了人性的光辉，闪烁着爱的光芒。它不论大小，不分你我。奉献是平凡的。在有些员工的心目中，奉献是英雄和模范们的事，不是普通人所能做到的，奉献就是只讲牺牲，高不可攀，可敬不可为，可羡不可行。这是对奉献的一种误解。奉献既是一种高尚的情操，也是一种平凡的精神；奉献既表现在国家和人民需要的关键时刻挺身而出，慷慨赴义，也融会和渗透在员工日常的工作和生活中。

6.

甘当老黄牛，像劳模一样努力

老黄牛从古至今都是奉献、勤劳、默默无闻的代名词。老黄牛，有着朴实无华的外表，它谦逊和低调，一心耕作，心无旁骛。总是在默默地耕耘着，奋斗着。老黄牛最大的特点就是付出不求回报，任何时候都默默无闻地奉献，从不张扬。它是勤勤恳恳、埋头苦干的实干家的化身，是忠于职守、任劳任怨的劳动者的模型，是耿直倔强，顽强拼搏的开拓者的旗帜。"黄牛"形象威武，是正义、忠诚、力量和勇敢的标识。在各行各中，老黄牛精神都是值得学习与称颂的。而劳模，这个具有时代骄傲的名称，正是像老黄牛一样奉献在各个岗位，为强国复兴助力。

刘志祥，一个从湖南省衡山县大山沟里走出来的木匠小伙子，1986年到铁四局当"农民临时工"，加入到祖国筑路大军行列。他抱定"干工作就要精益求精,干工程就要创精品"的信念,在普工、木工等岗位上干一行爱一行钻一行,被企业破格转为全民所有制合同工。先后担任工班长、工程队长、工程项目经理部副经理、制梁场场长等职务。参与建设了徐州铁路枢纽、宝中铁路、京九铁路、阜阳铁路枢纽、西安、神延、秦沈铁路客运专线、宜万铁路等国家重点工程。1995年和1997年两次获得铁道部"火车头奖章";1998年被评为铁道部劳动模范;1999年获全国"五一"劳动奖章、安徽省"五四"青年奖章;1999年10月1日,他作为"全国十大杰出职工",同党和国家领导人走上天安门,参加建国50周年国庆观礼,成为中国亿万新兴产业工人的骄傲;2000年又被评为全国劳动模范。

1986年,20岁刚出头的刘志祥来到铁四局二处六段木工班,参加铁路建设。六年后,他成为这个班的班长。这个从大山里走出来的木匠,有着山民特有的刚猛和坚韧,认准了的事,就一定要把它干好。老工人讲:"这伢子行,干活肯掏力气,拼命!"修建京九铁路阜阳枢纽最紧张的时候,刘志祥有时一天只睡三、四个小时,累得手端着碗都在打抖。阜阳颍河特大桥是京九铁路14项重点控制工程之一。1993年冬天,大桥的最后两个深水墩成为影响工期的"拦路虎",上级要求必须在春节前完工。拼抢进入白热化,工地上分分秒秒都能拼出"火"来。刘志祥扛着七八十斤重的模板,登高爬下,每天工作十多个小时。一天,极度疲乏的刘志祥走上跳板中央时,受过伤的胸口一阵绞痛,眼一黑,一头栽进冰冷的河水中。醒来后,他躲过医生的"监视",又出现在高高的脚手架上。在新年的钟声即将敲响时,颍河特大桥提前挺立在滔滔碧波之上,创造了全国闻名的阜阳速度。

精益求精是刘志祥对待工作的一贯风格。1997年初,铁四局二处挥师西北,参加西康铁路建设。泸河特大桥是四局管段唯一的重点工程,也是全线北端"第一桥"。企业把建设大桥"第一墩"立模的任务交给刘志祥,意在用样板引路,带动全线创优。精心制作的钢模板运到现场,爱挑"刺"的刘志祥围着钢模板动起了脑筋:钢模板由8块组成,这样垂直缝就有8条,"缝"一多势必难以对齐,影响外观质量,还增加工作量。如果改为4块拼装,则可事半功倍。刘志祥把想法告诉了工程师和工程段领导,得到大力支持,钢模拉回重做。泸河河滩上的风雨无遮无拦,常常打得人睁不开眼,刘志祥总是站在脚手架的最高最险处,用力推拉着重达上千公斤的钢模,精心地对位、调直、安装。这年的10月8日,泸河特大桥的"样板戏"终于亮相。"第一墩"拆模时,铁道部西康工指的领导、监理和工程技术人员来了,摸着像大理石一样又光又实的桥墩,他们喜上眉梢:质量很过硬,就这么干下去,全线创优大有希望。刘志祥没有陶醉。他围着"样板墩"打转转,瞧过来,望过去,用手摸,用脸蹭,硬是从"鸡蛋"里挑出"骨头"来。由于两块模板间阴阳扣不能完全密贴,出现微量漏浆,墩身接缝处出现不易觉察的毛刺。"质量上的问题一丝一毫也不能放过"。刘志祥和工友们集思广益,在阴阳扣连接处用玻璃胶贴密封,很好地解决了这个问题。

2000年当选为全国劳动模范,逐步走上基层领导岗位后,他仍始终保持劳模本色,处处以身作则,率先垂范。

2004年初,他带领队伍承建湖南双牌潇水大桥工程项目。由于工程造价低,外调大型架桥机将会大幅增加施工成本,而该型号T型梁腹板薄,刚度较小,在架设过程中稍有疏忽便会因偏心受扭导致梁体破坏或发生倾覆及其他安全质量事故。他带领工地上平均年龄不到25岁的技术人员,结合现场实际情况,想方设法提高架桥机的安全性和稳定性,并邀请技术专家前来指导,最终使用自主研制的50m~170t型架桥机将T型梁成功架设。既保证了工期，又确保了安全、质量和经济效益。

2006年中旬，在湖南双牌潇水大桥即将竣工的时候，刘志祥奉命前往宜万铁路建设工地，担任被人们视为亚洲最大的T梁预制场的中铁四局宜昌桥梁场。该梁场承担宜万铁路一、二期和汉宜铁路计7985片梁的预制任务。2006年底，梁场因筹建先期投入大，年底资金紧张，加上计量款未能及时到位，一些材料供应商、协作队伍想趁节前催要钱款，一度影响生产，刘志祥被迫无奈，向他们亮出了自己的劳模证："我是全国劳模，我是负责任的！请大家一定放心，我决不会辜负大家的。"事后，临近春节前，他想方设法全额支付农民工工资，在节后资金到位时，不需催要及时拨付各种款项。刘劳模负责任的名声一下子就传了出去，从此以后那些供货商没有因为资金的问题影响过生产。

在木工班时，他先后提出了"钢模整体吊装""以钢代木支撑"等多项施工新方法，被誉为"工地鲁班"。走上管理岗位后，为弥补专业知识的不足，刘志祥阅读了大量工程专业项目管理书籍，通过自学考试取得上海同济大学铁道工程专业函授大专毕业证书。2006年中铁四局宜昌桥梁场建场后，他经常带领大家外出学习观摩，每次都收获很大。大家看到他最高兴的时候就是他如数家珍地说："你看，这次参观学到了梁顶二次收光解决了防水层指标控制问题；上次学到了钢筋棚采用活动推拉的方式，既能方便材料进出又能解决加工储存的问题……"。通过学习钻研，刘志祥带领梁场员工先后创新运用打孔排气辅以振动器消除梁体马蹄处混凝土气泡、使用橡胶止浆条胶皮垫施工梁间湿接缝、改震动棒为震动铲对梁体上部横隔墙混凝土进行振捣等工艺，效果十分明显。

刘志祥和他所在的队伍，在祖国大地上树起一座座无言的丰碑：他参建的西康铁路沪河特大桥被铁道部评为"全线优质样板工程",荣获全国用户满意建筑工程奖和国家环境工程奖;京九铁路颍河特大桥被共青团中央命名为"全国青年文明号"工程;徐州铁路枢纽、阜阳铁路枢纽双双获得国家建筑质量最高奖——"鲁班奖";中铁四局宜昌梁场,2007年在宜万铁路三个梁场中第一个顺利通过铁道部质检站桥梁认证,2008年度获得"宜万铁路建设优胜单位"荣誉称号,2009年荣获中华全国铁路总工会授予的"火车头"奖杯,2010年被评为湖北省重点工程安全标准化工地。

这就是老黄牛的形象。他的一生是勤奋的一生,是绞尽脑汁钻研的一生,也是奉献的一生。"当劳模就是一辈子的事。"说起来轻松,做起来却要付出比他人多千百倍的努力,但是他无怨无悔,他骄傲执着。作为新时代的工人,我们学习劳模,不是羡慕劳模取得的业绩和荣誉,不是对劳模的简单复制和模仿,而是要学习劳模身上的优秀品质,把他们当做一面镜子和标尺,时刻对照自己,找出差距和不足。学习劳模不是口头上喊喊口号,而是要体现在行动上,落实到工作中,实施到我们的岗位上。时刻以劳模为榜样,学习他们牢记使命、忠诚执着;学习他们爱岗敬业、尽心尽责;学习他们乐观豁达、积极向上;学习他们乐于奉献,勇挑重担;学习他们勇于探索、大胆创新。这个世界上没有人是甘于平凡的,要想做出成绩,就要像劳模一样去努力,像老黄牛一样兢兢业业,甘于奉献,不求回报。就要把工作当成事业来做,就要把每件小事做到完美,就要时刻牢记我们的使命,以大国工人的高行动、高标准来要求自己,做一个真正的优秀工人。

从妇孺皆知的"铁人"王进喜、"两弹元勋"邓稼先,到默默无闻、平凡岗位的普通劳动者,他们用自己的动人事迹和无私情怀共同铸就了爱岗敬业、争创一流、艰苦奋斗、勇于创新、淡泊名利、于于奉献的劳模精神,为全社会树立起坚实的学习标杆。他们曾经辉煌,如今甘于平淡;他

们虽已离开工作岗位,仍在把学雷锋进行到底;他们坚守清贫,却留下丰富的精神财富。爱国、敬业、守信,甘于奉献、淡泊名利、关爱他人,这些饱含中华民族优良传统、充分体现社会主义价值观的美德,已经像血液一样在他们的身上自然流淌。学习他们,像他们一样努力,中国的制造业何愁不强大?

第五章

淬炼专业技能，精湛的技艺是制造业崛起的强大保证

光说不练是假把式。任何一种本领都不是轻易得来的，它需要长期的练习与坚持不懈的努力。即便是一个小岗位上的小程序，只要肯下功夫，就能练就真本领，就能成为他人望尘莫及的高端技术。制造业的特点不在于你行行都会，而在于你精于某一项。专业技能是法宝，更是让世人仰望中国的真功夫。

第五章 ◆淬炼专业技能，精湛的技艺是制造业崛起的强大保证

 1.

技艺精湛的工人是制造业发展的重要力量

"中国制造"曾经疯狂席卷全球，美国人使用的电视机、巴基斯坦小店里摆放的文具用品、阿富汗人骑的自行车、越南人骑的摩托车、美国人穿的衣服以及欧洲人用的家电和玩具，都贴着"中国制造"的标签。中国一度成为了"世界工厂"，而这个称号的背后是成千上万个中国工人的辛苦和汗水换来的。走到今天，世界各国标有"中国制造"的产品更是铺天盖地。可以说是工人的劳动创造了现代生活。环视我们周边事物，大到飞机汽车，小到手机手表，无一不是出自工人之手。"咱们工人有力量"这支昂扬的旋律唱出了属于工人的时代自豪感。但是中国制造业正面临的困境我们不得不重视。通过大量农民工以低成本支持着过去一段时间的工业发展，当这种用工机制面临低技术含量，劳力高密集型产业发展瓶颈的时候，其弊端也日益凸显，一方面是产业转型无足够的新型技术工人支撑，另一方面是用工成本的提高导致以量取胜的粗放企业难以为续，纷纷破产，进而使得地区经济萧条。时代在进步，万物都在更替，中国制造业与飞速发展的时代拉下了距离，与互联网时代融合得还不够完整。中国的制造业正面临着由"制造大国"转型为"制造强国"的艰难时代。"只有依靠工人的力量才能快速完美转型"，这是人们经过深思熟虑后的结果。一个完善的制造业不仅需要国家的扶持引导和企业的不懈努力，更要依靠工人群体不竭的奉献精神和创造力，这也就是新时代工人的力量。高水平技术工人是实体经济发展的关键支撑力量，更是一个国家综合国力的重要体

大国工人
中国制造崛起的资本

现。有数字统计,随着制造业水平的提高,高水平的技术工人缺口高达千万。可见,技艺精湛的工人是制造业发展的重要力量,而人才缺口正是制约制造业转型升级的瓶颈。

许振超,男,出生于1950年,初中毕业。全国总工会兼职副主席。1974年进青岛港工作。曾先后荣获青岛市劳动模范,青岛市优秀共产党员,山东省有突出贡献工人技师,省自学成才先进个人,全国"五一"劳动奖章获得者和全国交通系统劳动模范,全国劳动模范,全国人大代表,全国优秀共产党员等称号,被誉为新时期产业工人的杰出代表。

1974年毕业后到青岛港当了一名码头工人。他操作的是当时最先进的起重机械——门机。许振超勤学苦练,7天就学会,在一起学习的工人中第一个独立操作。然而,会开容易开好难。师傅开门机,钩头起吊平稳,钢丝绳走的是"一条线";到了许振超手里,钩头稳不住,钢丝绳直打晃。特别是矿石装火车作业,一钩货放下,洒在车外的比进车内的还多。许振超看到工人们忙着拿铁锨清理,许振超十分内疚。还有,矿石装火车装多了,工人要费不少劲扒去多的;装少了,亏吨,货主不干。为了早日掌握这项技术,每次作业完毕,别人歇着了,许振超还留在车上,练习停钩、稳钩。四五个月后,他开的门机钢丝绳走起来也一条线了,一钩矿石吊起,稳稳落下,不多不少,正好装满一车皮。这手"一钩准"的绝活,很快就被大家传开了。

一次,许振超干散粮装火车作业,发现粮食颗粒小,更易撒漏。他便在工作之余,吊起满满一桶水,练习走钩头,直至练到钩头行进过程中滴水不洒。再去装散粮,一抓斗下去,从舱内到车内,平平稳稳,又一个绝活——"一钩清"。许振超的活干净利索,装卸工人们二次劳动强度大大减轻,谁都愿意跟他搭班。

第五章◆淬炼专业技能，精湛的技艺是制造业崛起的强大保证

    1984年，青岛港组建集装箱公司，许振超当上了第一批桥吊司机。许振超又钻研上了。桥吊作业有一个高、低速减速区，减速早了装卸效率下降，减速太迟又影响货物安全。于是，他带上测试表反复测试，终于成功地将减速区调到最佳位置。以前一台桥吊一小时吊十四五个箱子，改革后能吊近20个箱子，使作业效率提高1/4。一次，大雾天气使整个码头的装卸作业被迫停下，直到中午大雾仍不散。货轮的船长急火火地找到许振超，请求马上把集装箱卸下来。原来，该轮装载的全是冷藏箱，不料供电电源发生故障，如不抢卸，一旦箱里温度升高货物变质，损失就是好几百万元。一台桥吊有十几层楼那么高，而集装箱上起吊用的4个锁孔，每个不过一块香皂大小。司机在40多米高的桥吊上，要让重达十几吨的吊具的4个爪准确插入集装箱的锁孔中，好天气操作起来都不那么容易，何况大雾弥漫。艺高人胆大。许振超一咬牙答应了。他在船上、岸边各安排两个经验丰富的老司机，通过对讲机随时报告集装箱位置，自己登上桥吊，精心操作。随着船上、岸边清晰的报告声，一个个箱子一钩到位，顺顺利利全卸了下来。许振超凭着过硬的功夫、娴熟的技巧，闯过了雾天作业禁区，为客户挽回了巨额损失。

    1991年，许振超当上了桥吊队队长。他在工作中发现，桥吊故障中有60%是吊具故障，而故障主要是由于起吊和落下时速度太快，吊具碰撞造成的。他提出，这么操作不仅桥吊容易出故障，货物也不安全，必须做到无声响操作。司机们一听炸了窝。"集装箱是铁的，船是铁的，拖车也是铁的，这集装箱装卸就是铁碰铁，怎么能不响呢？"说出口的道理很硬，没有说出口的道理更硬：桥吊队实行的是计件工资，多吊一箱就多挣一份钱。搞无声响操作，轻拿轻放，不明摆着要降低速度，减少收入么？许振超没多解释，自己动手练起来。他通过控制小车水平运行速度

和吊具垂直升降之间的角度，操作中眼睛上扫集装箱边角，下瞄船上装箱位置一点，手握操纵杆变速跟进找垂线，打眼一瞄，就能准确定位，又轻又稳。然后，他专门编写了操作要领，亲自培训骨干并在全队推广，以事实说服人。就这样，"无声响操作"又成了许振超的杰作、青岛港的独创。

1997年11月，老港区承运一批化工剧毒危险品。这个货种一旦出现碰撞，就有可能引发恶性事故。为了确保安全，码头、铁路专线都派上了武警和消防员，身着防化服全线戒严。船靠岸后，在许振超的指挥下，练就一手"无声响操作"的桥吊司机们个个精心操作，一个半小时，40个集装箱被悄然无声卸下，又悄然无声装上火车。船东代表感慨地说："你们的作业简直是'行云流水'，太神奇了！""咱当不了科学家，但可以做个能工巧匠。"当了队长的许振超，除了开好自己的桥吊，还想做更多的事。一次，队里的一台桥吊控制系统发生了故障，请外国厂家的工程师来修。专家干了12天，一下子挣走4.3万元。这件事深深刺痛了许振超。他想，如果自己会修，这笔钱不就省了吗？

然而，桥吊的构造很复杂，涉及电力拖动、自动控制等6门学科，就是学起重机械专业的大学生也至少得两三年才能够处理一般性故障。许振超只有初中文化，可为了攻克这门技术，他着了魔似的钻研，终于发现，所有的技术难点都集中在一块块控制系统模板上，而这正是外国厂家全力保护的尖端技术——不仅没提供电路模板图纸，就连最基本的数据也没有。

许振超不信。每天下了班，他拿着借来的备用模板，一头扎进自己的小屋里。一块书本大的模板，一面是密密麻麻镶嵌的上千个电子元件，另一面是弯弯曲曲的印刷电路，这样的模板在桥吊上一共有20块。为了分辨细如发丝、若隐若现的线路，许振超专门用玻璃做了个支架，将模板放在玻璃上，下面安上100瓦的灯泡，通过强光使模板上隐身的线路显现出来，然后一笔一笔绘制成图。光分辨这2000多个焊点，已够麻烦了，要弄明白它们之间的连接更麻烦。一个点前后左右可能有4条连线，而且每一条连线又延伸出两条连线，两条再变成4条，最多的变成20、30条连线，每个点、每条线，许振超都要用万用表试了又试，一条线路常常要测试上百个电子元件，直到最终试出一条通路来。这样精细的活，特别累眼，累得看不清了，许振超就到冰箱里取出冰块，敷上一会儿，接着再干，每天晚上坚持干3个多小时。

就这样，许振超用了整整4年时间，一共倒推了12块电路模板，画了两尺多厚的电路图纸，终于攻克了技术难点。这套模板图纸后来便成了桥吊司机的技术手册，成了青岛港集装箱桥吊排障、提效的"利器"。一次，一台桥吊上的一块核心模板坏了，许振超跑到电器商店花8元钱买了一个运控器，回来换上后桥吊就正常运作了。而这要是在以前，换一块模板得花3万块钱！2000年，队里的6台轮胎吊发动机又到了大修的时候。许振超找到公司领导主动要求，把这个项目交给他组织技术骨干来完成，一来锻炼队伍，二来节约资金。面对复杂的维修工艺，他与攻关小组一起边琢磨边实践，加班加点，提前完成了轮胎吊发动机的大修。近几年来，经他主持修理的项目累计为青岛港节约800多万元。

许振超是一名普通的码头工人，但他勤奋好学，成了一名"桥吊专家"；许振超只上过一年多的初中，可他凭借苦学苦练，成了码头上人人知晓的"许大拿"。许振超的脱颖而出，没有什么秘诀，用他的话说就是要学习。

学无止境。"活到老，学到老"是句老话，许振超品出了这话的"个中三昧"。他用一种严谨的求学态度鞭策自己，警醒自己不能满足一知半解。他注意知识的更新，也注重不断地进取。

基于这样的一种认识和百折不挠的钻研精神，许振超入港 30 年，实现了年年有创新。可贵的是他除了自己学，还带领着工友们一起学，他将自己多年来的驾驶、维修桥吊技术总结编制了一本《装卸桥司机操作手册》，把成才的经验教给大伙。在他的带动下，全队工人把学习的风气搅浓了，一批"桥吊专家"冒了出来。

"一钩准""一钩清""无声响操作"是尖端技术，是无人能及的绝活，"做不了科学家，就做个能工巧匠"是宣言也是心愿。什么叫技艺精湛？就是想别人想不到的事，做别人做不成的事。从一名码头的普通工人到"吊桥专家"，从只上过一年多的初中到编制《操作手册》，这就是工人的力量，就是新时代紧缺的人才。他们是制造业的希望，也是制造业的资本。

以修行的心态用心练习技艺

修行是指宗教中的修炼或修养德行。是一种持续时间较长的活动，包括：思维活动、心理活动、行为活动、社会活动，旨在达到与现阶段相比境界更高、胸怀更广、视野更宽的个人修养水平。对于修行的人来说，佛法的全部内容只有三个字：戒、定、慧。持戒是修禅入定的根基，禅定则是生起智慧的原因。不修定，智慧无由得起。所以，简单地理解，禅定就是一种心无杂念的定力。

这种定力具有令人想象不到的力量。一旦入得"定境",大脑就拥有了一种极强的集中心意的能力。可以用"定"力去思考佛学哲理、科学、绘画、诗词、技艺、武功、经商理念和实际控制生命机能的超强发挥等等,在这种"定力"的作用下,都可以"取得"极高造诣。"取得"并不是"入定"就可以获得,而是说在定力的作用下能够获得。毕竟是需"取"才能"得",仅仅有定力,不运用定力去修"禅"、去思考、去努力,是得不到的。在佛家的观念里,杂念是能惑人心神的邪魅,入定,静心,就是要驱除杂念,消除那些乱人心志、惑人心气、迷人心窍的邪魔外道,以纯洁心灵,凝集心思,到达"慧"的境界工作中也是一样,如果杂念丛生,精神无从专注,不仅影响做事的效率,还会让我们平生诸多烦恼,无法专心做事。

一名制造业的工人如果以修行的心态来练习技艺,那么就一定能够做到心无旁骛,专心致志。一件产品的质量与完美取决于工匠的付出。在完成产品的过程中,练习的次数越多,工艺就会越精,汗水与精品是成正比的。那些技艺总是比他人高出很多的工匠正是因为他们付出了比别人更多的努力,更多的心血才得到的。"罗马不是一天建成的",真正精湛的手艺、精美的作品,也不是一天能完成、一蹴而就的,真正的技艺和作品都需要一个漫长的磨砺、完善和精制的过程。不论是在古代还是在今天,精湛的绝技都需要长期的练习。似修行一样经过漫长的练习、参透和钻研,最终才能有所成就。

"我是从做木工学徒开始工作生涯的,深知"活儿"最重要,只要耐得烦、吃得苦、舍得干,就能把活儿做好。"这是中建五局装饰幕墙有限公司项目部技术总工翟筛红经常挂在嘴边的一句话。

30多年来,翟筛红一心从事木工工作,荣获"全国劳动模范""全国技术状元"、中国建筑"最美职工"等荣誉。"我始终

大国工人：
中国制造崛起的资本

是一个手艺人，要不断学习，无私奉献，用一生诠释工匠精神。"翟筛红说。

初中毕业后就跟着师傅学手艺，但"教会徒弟，饿死师傅"的旧观念让师傅在"授道"时有所保留，只教他刨料、锯料、打眼等简单基本功，不教他做整件的活儿。两年后，翟筛红出师，开始跟着同乡去上海闯荡，他勤学苦练，手艺日渐精进。

1995年他被正式聘进中建五局装饰公司。进入五局之后，工作标准严格了许多，翟筛红并没有抱怨，而是一心一意专注工作，把工作做到极致。通过多年磨炼，2006年，翟筛红在中国建筑技能大赛中获得精细木工组第一名，成为4000万建设者的新偶像，被誉为"木工状元"。

从工人到工匠，从产品到精品，这是一个修行的过程，是一个磨练的过程，也是一个艰辛的过程。没有定力，没有恒心是无法完成的。这个匆忙的社会，人人渴望成功。快节奏成就了发展，但快节奏又令人焦虑。这种时不我待的"急"，体现了宝贵的发展意识和进取精神，令人欣喜。对于制造业来说，快不一定是好事，尤其是要出精品，更是要有耐心，有毅力去作好准备，去苦练技术。所有精湛绝伦的技艺，都是由勤学苦练得来的。要获得精湛技艺，要追求技艺的极致，唯一的途径，就是勤奋努力，就是苦练多练。杂念是会乱人心志的。工作中，不能让人凝心静气、专注一心的，都是杂念，都应当及早祛除。研究表明，人与人之间并无太大的区别，真正的区别在于人对事物的专注程度，和心中的杂念数量。

真正的修行，不是坐着一动不动、不思不想，而是一心不乱、应酬有方，面对纷繁复杂而心不为之动，这才是真正的修行。净空法师说："修行，即从早到晚，对一切人、事、物，修平等心、智能心、慈悲心，历事炼心，炼如不动，对外面境界、不起贪爱，不生嗔恚，断贪嗔痴，成戒定慧。"修行并不是坐着不动不思不想练成的，而是在吃饭饮茶、应酬游玩、闲时闹时中练成的，无一时无一事无一物无一人不是修行的好时节和好对象。就像我们练就某一种技术一样，不需要选择时间，也不需要挑选心情，任何时候，只要你愿意，都可以去练，去学。工作中的修行，就是要求我们要有定力，要心无杂念，专心致志，惟精惟一，才能把工作做好。任何行业都是博大精深的，够一辈子的精力去钻研和奋斗。任何一个大师级的人物，都只是自己那一个领域内的大师。术业有专攻，一个人应该把我擅长的事做精、做细，要有定力，不能轻易被外力干扰。

有人曾向意大利著名男高音歌唱家卢卡诺·帕瓦罗蒂请教成功的秘诀，他每次都提到父亲的一句话："如果你想同时坐在两把椅子上，你可能会从椅子中间掉下去，生活要求你只能选一把椅子坐上去。"当今时代，放眼观望，满世界都是"椅子"，花花绿绿，琳琅满目，但哪一把更适合自己，需要认真思量，精心挑选，要尽可能选自己最适合的那把"椅子"。如果没有定力，不知道自己到底应当干什么，东挑西拣，左摇右摆，不仅会让自己眼花缭乱，心神不定，最终屁股底下一把椅子也没有，一事无成。倒不如选定自己的那把椅子，然后坐下来，沉下心，专心致志地把它做到最好，人生会因此而不同。如同做一个普通的木工也可以做出成绩，做到天下闻名一样，平心静气，苦练勤学，最终才能达到修行的目的，超越自己。

3.

修习"一万小时",才有叹为观止的技艺

不管是在劳动模范身上,还是在普通工人身上,人们看到的总是他们远胜于他人的高超技能,让人叹为观止的技艺,但从来不曾亲眼目睹他们背后的辛苦与汗水。"天才等于勤奋加汗水",这是世人皆知的道理。没有人天生就是人才,也没有人天生就能将工作做成工艺,这需要时间,需要汗水,还需要不懈的坚持。"人们眼中的天才之所以卓越非凡,并非天资超人一等,而是付出了持续不断的努力。一万小时的锤炼是任何人从平凡变成世界级大师的必要条件。"这叫一万小时定律。一万小时,如果每天按三小时计算的话,坚持下来是十年的时间,如果花十年的时间来做一件事情,可想而知,这件事情肯定是富有成效的。

研究显示,在任何领域取得成功的关键跟天分无关,只是练习的问题,而练习的时间则是1万个小时以上——10年内,每周练习20小时,大概每天3小时。中国有句古话"十年磨一剑",其道理也是如此,这就是所谓的"一万小时法则"。

"一万小时法则"在成功者身上很容易得到验证。作为电脑天才,比尔·盖茨13岁时有机会接触到世界上最早的一批电脑终端机,开始学习计算机编程,7年后他创建微软公司时,他已经连续练习了7年的程序设计,超过了1万小时。一万个小时的练习,能帮助一个人完成最重要的人生积累,精深练习乘以一万个

小时，得到的有可能是世界级技能。

写出《明朝那些事儿》的当年明月，5岁时开始看历史，他11岁之前读了7遍《上下五千年》，11岁后开始看《二十四史》《资治通鉴》，然后是《明实录》《清实录》《明史纪事本末》《明通鉴》《明汇典》和《纲目三编》。他陆陆续续看了15年，大概总共看了6000多万字的史料，每天都要学习两小时。把这几个时间数字相乘，15年乘2小时再乘以360天，等于10800个小时。所以在海关工作的他，才能白天当公务员，晚上化身网络作家，在电脑前码字。

从台湾超级星光大道走出来的萧敬腾，15岁时学习爵士鼓，18岁时开始在酒吧、餐厅驻唱，每天要唱很长时间，跟好几个场子，时间最长的时候，一天超过12个小时。

一万小时定律的成功代表大画家达·芬奇，当初从师学艺就是从练习画鸡蛋开始的。他日复一日，年复一年，变换着不同角度、不同光线，少说也得练习一万个小时，打下了扎实的基本功，从最简单最枯燥的重复中掌握了达到最高深艺术境界的途径。这才有了后来的世界名画《蒙娜丽莎》《最后的晚餐》。

一个又一个成功者的例子向我们揭示了一个现实："一万小时法则"的关键在于，一万小时是最底限，而且没有例外之人。高超的技艺从哪里来？当然是从辛苦的劳作与练习中来。为什么时下有太多的人不愿意当工人？就是因为太辛苦。学技术更是苦中之苦。一个简单的姿势需要练习上百遍才能合适，一把普通的工具需要练习上千遍才能与机器吻合，一种新技术需要练习上万遍才精准……白天练、晚上练、现场练、下班练。无休止的重复，手会酸、臂会麻、眼会花、人很累，但为了练就本领，就是不能停。一个人的进取与成才，环境、机遇、天赋、学识等外部因素固然重要，但更重要的是依赖于自身的勤奋与努力。缺少勤奋的精神，哪怕是天

资奇佳的雄鹰也只能空振双翅；有了勤奋的精神，哪怕是行动迟缓的蜗牛也能雄踞塔顶。成功不单纯靠能力和智慧，更要靠勤奋的态度。勤奋是一切绝技的源头！

无数成功的人士头上的光环，都是用汗水与勤奋组拼而成的。"梅花香自苦寒来"。努力修习、克服困难、坚持不懈……凡是与成功有关的词语同时与辛苦相连。上天对每个人都是公平的，去往成功的路都是一样，只是看你怎么走。有的人想找到捷径，始终徘徊于起点，无法前进，而有的人从一开始就脚踏实地，一步一个脚印，为了实现理想与愿望作好了充分的准备。他们不怕吃苦，不怕前行道路中的困难，只要前面还有一丝光亮，他们就不会放弃寻找。而那些寻找捷径不成的人，往往在中途就放弃了前进的理由，他们宁愿一生碌碌无为，也不愿去与命运搏一搏，最终只能平淡一生。

要做一个大国的合格工人，我们就不能甘于平凡，我们就要有远大的理想与抱负，就要为中国的制造业撑起一片天。而这些需要我们在日常的工作中从小从细做起，从勤学苦练做起。一万小时其实远远不够，我们甚至要付出一生的精力来为其奋斗，这是工人的责任与使命，我们义不容辞。

 4.

肯下"笨"功夫，练就真本领

我们看古代工匠的故事，往往会觉得他们笨，因为明明有更好的办法，却弃之不用，选择那些又费力费神效率又低下的办法。比如小时候看"李白和老婆婆"的故事，就很奇怪为啥要用一根大铁棒来磨成针，却不一开始就打成小铁针再磨细呢？那不省事多了？怪的是聪明的李白，居然还那么信服这种笨法子。后来才知道，李白的聪明确实是无人能及。以李白的聪明，他肯定马上会发现用小细铁棍来磨针会比用一根大铁杵来磨要容易得多，但他没有钻这个牛角尖，反倒被"但需工深"四个字打动。为什么？因为他从这四个字中理解了"笨功夫"的"真作用"！

世人都喜"巧"，因为巧省力省心效率高，但有些东西，不下笨功夫是绝对不行，偷巧炫技更不可行。表面功夫、花拳绣腿的，摆摆样子的功夫，偷偷巧无妨，真正的硬本事、真功夫，非下"笨"力气不可，这是所有成功者共同的秘诀。

民间有句俗话：台上一分钟，台下十年功。演员舞台上就表演那么一分钟，可是演员在下面是要经过长时间的艰苦磨练才行的。那些具有很高的艺术成就的大师们，有哪一位不是下了很大很大的笨功夫才练成的一身硬本事？如京剧大师梅兰芳、周信芳，相声大师马三立，演员赵丹等，功夫巨星成龙、李连杰，等等，他们经过辉煌，登上了艺术的顶峰。

京剧艺术大师梅兰芳小时候拜师学艺，学的是旦角。唱、念、做、打都要模仿女性。他的先天条件不好，眼神不行，眼中没有灵气，眼神黯淡；嗓子有问题，声音不亮堂；脑子不聪明，学东西慢，但他就是舍得学，就是痴迷于京剧。

自己学东西慢，就笨鸟先飞，以勤补拙。正常的一段唱，从头一句到最后一句，别人一天唱一遍就休息，梅兰芳唱一遍了从来不休息，而是一遍又一遍地记词，揣摩唱法，再自己练个20遍，练的时候旁边放着30个铜钱，旁边一个碗，唱一遍啪扔一个铜钱，30个扔完了才算数，从"苏三离了洪洞县"，一直到"来生我变犬马当报还"这一整段都得唱下来，这样反复地磨，从而形成一种机械记忆，唱词和唱腔都了然于胸，只要提开头，结尾啪啪就出来了，就是靠笨功夫，这是练记忆。

大国工人：
中国制造崛起的资本

吊嗓子就更是靠笨功夫练出来的。梅兰芳嗓子上不去，但上不去不行，越是嗓音上不去，越得一点点来，师傅带着他每天早晨跑步，增加他的肺活量，舒筋活血后，再扬嗓子练唱，每天都这样练，一练就是好多年，终于高音能上去了，嗓子不劈，吐字也清晰了。经过刻苦练习，他终于练出了圆润甜美的嗓子。

最厉害的是眼神，梅兰芳是死鱼眼神，要让眼神神采奕奕怎么练呢？师傅想了一个办法，就是白天晚上都在墙上挂个东西，让梅兰芳用眼睛盯着不动，盯一会儿师傅会拉绳，让它来回晃，让梅兰芳用眼神死死地盯住，这样来练眼神。这是非常辛苦的，练一会儿眼睛就又酸又胀，时间再长就会又红又肿，直淌眼泪。总那么瞪着轻易不让眨眼睛，那眼睛能不流眼泪吗？

为了练眼力，他养了几只鸽子，鸽子停、落、飞、走，眼睛都必须盯着，一来二去，还常常注视水中游动的鱼儿。如此，渐渐地他那双眼睛变得灵活起来。经过不懈的努力，眼神给练出来了。后来梅兰芳一上台，大家都会被他那双顾盼有神的眼睛把魂都勾走了，有几个人知道这神采奕奕的眼神也是靠下苦功、靠笨功夫练出来的。

国学大师钱穆说："古往今来有大成就者，诀窍无他，都是能人肯下笨劲。"胡适也说："这个世界聪明人太多，肯下笨功夫的人太少，所以成功者只是少数人。"这不仅是说别人，也是对他们自己人生的真实总结。

钱穆，博闻强记，聪敏早慧，幼有神童之誉。但他却从不以聪明自恃，而是几十年如一日作读书笔记，一丝不苟地查抄资料，每日读书写作10个小时，踏踏实实地钻研学问。学者张自铭评价："辛亥以还，时局屡有起伏，先生未尝一日废学辍教。"历史学家孙国栋说："钱先生研究、讲学、教育、著述兀兀80年未尝中断，这番毅力精神旷古所无。而学问成就规模之宏大，实朱子以后一人。"

钱穆的小老乡钱钟书，绝顶聪明，少人能比，但弄起学问却从不偷懒耍滑，舍得下笨劲，肯下笨功夫。进入清华后，"横扫清华图书馆"，每日都泡在图书馆里，抄抄记记，梳理勾陈，甘之如饴。一部《管锥编》引述4000位名家的上万种著作中的数万条书证，汪洋恣肆，博大精深。那正是他下了一辈子笨劲的结果。难怪钱钟书谈治学心得时说："越是聪明人，越要懂得下笨功夫。"

许多大学问家、大文学家，做的是学问，但骨子里流淌的却是与"工匠精神"如出一辙的踏实作风。"工匠"就是把重复的事情做到极致的人。他们将简单的事情重复做，成就了其高手的地位，经历无数次的重复，就是肯花"笨功夫"，来练就"真功夫"的人。实际上，和钱穆、钱钟书一样，许多卓有成就的科学家和艺术家身上，都带有明显的工匠烙印。他们下笨劲最多，所以功夫也最是扎实。

陈景润要摘取哥德巴赫王冠上的明珠，靠的是长年累月一点一滴地演算推进，几大麻袋演算纸是最好的例证。杨振宁、李政道为了证实宇称不守恒定律理论，一遍又一遍地重复那枯燥的实验，一连几个星期都不出实验室。爱迪生为了选择合适耐用的灯丝，他先后试验了1600多种不同耐热的材料，这种不厌其烦的不怕重复的笨劲，终于使他获得成功，给人类带来了光明。

这些名人肯下笨功夫的态度，在我们职场人身上，显得太少，特别是现在职场中的年轻人，很多热衷于轻松、舒服、体面和排场。既想挣大钱，又不肯下功夫、出苦力，且还不能正视自己，好大喜功，这山看见那

大国工人：

中国制造崛起的资本

山高。凡事都想找窍门，走捷径，工作起来，差不多就行，这样的态度，如何能练得了真功夫？

有的人说写小说似乎是很轻松的事，作家坐在书斋里，海阔天空，信马由缰，只要有点聪明劲就行了。殊不知，写小说也需要出笨劲，下笨功夫，一字字地写，一遍遍地修改增删，四处查阅资料，反复深入生活，这都需要笨劲，没有捷径可走。刘震云是作家圈里公认最聪明的一个，20多岁就成名了，但接受采访时却说："在我看来，重复的事情在不停地做，你就是专家，做重复的事特别专注你就是大家。就这么简单。"作家二月河在回答记者关于"成功的秘诀"时说："我写小说基本上是个力气活，不信你试试，一天写上十几个小时，一写20年，怎么着也得弄点东西出来。"如此的笨劲，都是现如今职场人少有的"笨功夫"，是应该大力提倡和推广的。

从哲理上说，下笨功夫符合质量互变定律。下笨功夫就是时间在量上的积累。下够了笨功夫，量的积累就到了一定的程度，就必然发生质的飞跃。有了质的飞跃，就有了阶段性的成功。从生理上说，人的身体有学习上的适应性。当一个人经常性地做一件事情的时候，思维和生理就会越来越适应做这件事。当思维和生理的适应成为一种本能时再做这件事，身体就能自然而然地做好，这就是常说的熟能生巧。相反，如果做得少，就会在生理上产生不适应，也就永远做不好这件事，进而也就失去了成功的机会。

古人说，铁杵磨成针，功到自然成；若要人前显贵，就要人后受罪，都是在说笨功夫的重要性。也有哲人说，持之以恒不冷热，上乘功夫自然得。对于我们职场的人来说，应该好好思量，细细衡量，实事求是地剖析自己，自己在职场中做的怎么样，下笨功夫了没？出笨劲了没？如果自己之所以在职场数年而无成就,是不是自己的问题?是不是因为没有练就真本事?特别是年轻人更应剖析自己,以求杜绝投机、偷奸耍滑的念头,追求踏实、务实、一丝不苟、精益求精,以达精雕细琢,极致完美。

任何行业想要取得成功,要想出人头地,那就得像钱穆说的那样,能人偏下笨劲,能人肯下笨劲,能人善出笨劲。如此肯下笨功夫出笨劲,一定可以练就真功夫。"笨"并不是傻,而是实在,是认真。凡事都怕认真,有了认真的态度,再有努力的意志与坚持,真本领一定会学到家。

5.

专心致志,因为专注所以专业

专心致志,意为用心专一,聚精会神,丝毫不马虎,把心思全放在一件事上。专心致志与专注意思上没有不同,都是形容非常认真地去做某件事。很多成功者取得成功就是因为他们对这件事着迷了,他们对待一件事情非常专注,已经达到了走火入魔的地步,而正是因为如此,他们才会取得别人难以企及的成功。我们把在工作上,事业上,生意上,能心无旁骛,全身心投入的态度叫做专注力。一件事情,只有全身心投入去做了,才能超越常人,能别人之不能。所谓台上一分钟,台下十年功,我们看到的只是别人表面上的风光,而台下的十年苦磨与孤寂是常人无法体会与效仿的。所有成功的事业都是先有专注的态度加上勤奋的努力得来的。专注就是"1%的事情做到100%的努力",专注的力量是巨大的,专注的效果往往又是出乎人们预料的。高度专注的工作态度会让我们将工作做得更好,高度专注的工作习惯可以让我们感受到工作中的乐趣。

大国工人：
中国制造崛起的资本

专注工作不是例行公事，不是按部就班，不是把该做的事情做了就行，而是在做之前先了解各种条件，分析各种可能，想想怎么才能做好，需要哪些准备；在做时要时刻注意各种情况，分析与预期的情况有何不同，需要哪些调整；做完后要总结这次的优点与不足，突发状况的原因是什么，为什么自己没有及时预测，便于下次借鉴。每件事情的成功都不是偶然的，也不会是不劳而获。它需要付出专注与精力。认真，能帮助把事情做对；经验，能帮助把事情做成；而只有专注，才能把事情做好，做到极致。

薛莹是航空工业西飞国航厂铆装钳工，现任西安飞机工业有限责任公司总厂班长。曾荣获全国劳动模范、全国"三八"红旗手标兵、陕西省道德模范、陕西省优秀共产党员等称号。2017年11月，荣获第六届全国道德模范提名奖。

薛莹从事国际合作产品生产25年来，对工作秉持认真负责的职业态度，勇于创新创造、积极主动细致，具有精湛的飞机装配技能和较强的班组管理能力。以她的名字命名的"薛莹班"，承担着波音737-700垂直尾翼可卸前缘组件的装配任务。

工作中，薛莹坚守"让世界享受中国人的航空制造"的使命，推行"班组管理制度化、生产过程精细化、现场管理精益化、班组氛围和谐化、班组工作快乐化"班组工作法，坚持勤于学习、刻苦钻研。她带领全体组员改进操作方法、工艺流程，实行精益制造等百余项创造创新，啃下一块又一块硬骨头。波音公司代表提出攻关课题，她带领攻关小组，反复拆装实验，一天在5台不同工装上抬上抬下10余次，通过40个日夜的实验，达到了用户质量要求，实现了"用一个手指的力量就能把前缘装配到垂尾上"的目标，赢得波音公司"用户满意员工证书"。

作为全国劳动模范，薛莹在实地调研中，细心了解劳模们的工作和未来发展需求，在弘扬劳模精神、劳动精神，更好地发挥劳模示范引领作用等方面做了大量工作。她组建的西飞劳模"匠客梦工坊"，发挥劳模群体智慧，积极参与重点型号生产疑难技术问题、设备问题的解决与攻关。作为陕西军工劳模服务团团长，她组织陕西军工企业劳模先进，先后赴航天四院、陕西秦正集团等单位跨企业集智攻关，传授技能，为高新武器科研生产和军民融合事业发展作出新贡献，为陕西省培养了更多的技术能手和创新人才。

作为陕西省人大代表，她设立"薛莹工作室"，对群众反映强烈的问题进行认真思考与实际调查，先后提出11项议案，其中一条建议被西安市交通运输局采纳并实施。

薛莹在航空工业西安飞机工业有限责任公司从事铆接装配工作。一架飞机是由上百万颗铆钉装配而成的，其中有一部分是机器无法装配的，薛莹的工作就是把机器无法装配的组件用手工完成，每一颗铆钉的质量都关系到飞机的安全，每一项工艺的成熟都要经过上千次的训练。十八大以来的五年，薛莹和她的伙伴们实现了中国人60多年的航空梦，让中国的大飞机飞上了祖国的蓝天，像大客飞机C919、大运飞机运20，这些她们都有参与。

她19岁进入企业，到现在当工人已经25年了。她一直在做一件事情，一份工作，就是装配制造。在别人看来，25年从事同一件工作会觉得很枯燥，其实看似简单的事，用心和不用心，结果是完全不同的，这会直接影响到产品的质量，甚至影响'中国制造'的形象。"在过去，我们的制造能力不能满足国际一流航空公司的标准，经过我和我们团队不懈的努力，现在我们克服了各种难关，最重要的是我们提升了国产大飞机的整体制造能力。"

"在制造业进入到智能化的今天，工匠精神并不过时，它的核心本质是自发专心致志的做事，这个是工匠的本真，与名利无

大国工人：
中国制造崛起的资本

关。"面对中外媒体记者，薛莹说："我也有一个梦想，用中国工匠的双手做好更多的优质产品，让世界享受"中国制造"。

一个企业不可能在方方面面都行，因此必须要学会专注。同样，一个人的精力也是有限的，不可能面面俱到，事事成功。有时候甚至穷尽一生也无法将一件事情做到完美。所以，专注于本职工作，做好一生为其奉献的思想准备，我们才能一步一步走向目标，我们才能将工作做到专业，做到极致，做到完美。

每一个人的进步，每一件事情的成功，都绝非偶然。任何成功的伟人、英雄、军事家、企业家……他们除了拥有智慧与执著，更重要的是专注！成功来自于专注。唐太宗李世民曾说过，"这世上，最可怕的武器不是切金断玉的宝刃，而是一个人坚定不移的信念！如果一群人拥有一个共同的信念，而去专注一件事，则可以主宰一切，也可以摧毁一切！"相反，如果总是三心二意，不能专注于一件事，就是太高的能力，最终也会失败的。就像制造业一样，如果我们每个工人都能专注于自己的本职，然后大家团结在一起，为了打造世界制造业强国而努力，毫无疑问，很快我们就能实现愿望。

有一个年轻人，到少林寺向师父拜师学艺，准备练好武功之后，替父亲报仇，因他父亲无端地被盗匪杀死了。年轻人问道："请问师父，我要练多久，才能出师？""大概五年吧！"师父说。"啊，这么久啊？"年轻人急切地问："假如我比其它弟子更加倍努力，是不是可以提早学成武功呢？""这样子的话，你大概需要十年！"师父说。"什么？十年？那如果我再加倍、加倍地努力学习呢？""二十年吧！"师父淡淡地回答。这时，年轻人愈听愈胡涂，说："师父啊，怎么我愈努力加倍练习，学成武功的时间就更加倍呢？""因为，当你的一只眼睛一直'盯看着结果'时，你只剩下一只眼睛可以'专注于练习'了!"师父说。

当我们用一只眼睛来专注于工作,另一只眼睛盯着结果时,我们的能力与精力都只用了一半,当然成果也就只能是一半。那些在自己的岗位上拥有专业水平的人,从来都是一心只做自己的工作而不顾其他。名与利、成与败、得和失都与他们无关,他们的眼睛只盯着自己的岗位,盯着自己的工作,从不马虎,也从不懒惰。他们甚至忘记了时间,忘记了为了这份工作自己付出了多少个春秋。正是因为这份专注,他们才会有今天的专业。那些个操作机器时就如一件艺术品一样让人赏心悦目的动作,正是他们花了无数汗水与时间得来的。技术与技巧从来都不会轻松服从人,他们会考验你的耐心、消磨你的意志、减少你的激情,直到最后拿你完全没有办法了,才会臣服于你。至于那些无法坚持到底的人,他们就只能与高水平技术和技巧无缘了。

6.

持续提升,把微末之技练成世界第一

芸芸众生能做大事的实在是太少,大多数人都只是做一些具体的事、琐碎的事、单调的事,也许过于平淡,也许鸡毛蒜皮,但这就是工作,是生活,是成就大事不可缺少的基础。一架"波音"747飞机,由450多万个零件组成,涉及到许许多多的单位,而这其中的每一个零件也要由多个不同的人共同劳动才能完成,这其中如果某人的工作出现一个轻微的失误,就可能导致飞机失事。因此,只要你是一名工人,哪怕你是一个自认

大国工人：
中国制造崛起的资本

为平凡的人，做着再小不过的小事，也要认真，也要敬业，也要把这份工作做到完美。古往今来，事业上有所成就者，都离不开两条：一是强烈的事业心和责任感，二是锲而不舍的勤奋和努力。在岗位上有突出的表现，在技能上优势明显的人不少，但是日复一日，年复一年的坚持，不断提升技能，直到无人能及的并不多，这就是如今高端人才缺乏的原因。新形势下的大国工人，我们不仅要掌握熟练的操作技巧，还要不断地精进，持续提升自己的能力，把那些不起眼小事，但又与那些与大事紧密相关的工作练成世界第一，练成大国独有。

60岁的时候，王震华做了一个年轻的梦。前后耗时五年，不用一颗钉子，不用一管胶水，历经10多万道工序，共7108个零件（最小零件仅有2毫米），用全榫卯复刻了天坛祈年殿。完成这项工程后，王震华名声大噪，被称为"上海木痴王"。不过他还是喜欢别人叫他"老王"。

有一回，痴迷古建筑的老王坐着车，兴冲冲的去参观一场展会。他听说这场展会邀请了一位很厉害的榫卯传人，被人称为"现代鲁班"，他想利用这次机会，见识一下他创作的微缩模型。当老王亲眼见到，亲手摸到模型时，心里的兴奋劲儿立刻消失得无影无踪。他轻轻一摇，这件榫卯模型都一动不动，他带着不解向对方询问，得到的回答却是"世界上没有不用胶水的模型啊"。乘兴而来，败兴而归，这次展会让老王意识到，老祖宗的手艺正在丢失，手艺人用胶水做模型哄人手段也尤其令人愤怒。从此，微缩再现老祖宗手艺的想法，就再也无法从老王的脑海里抹去了。

中学毕业后，他在郊县开始学习古建复修，因为恐高终究没能坚持，但也是从那个时候起，他知道了什么叫榫卯，什么叫鲁班锁。

第五章 ◆ 淬炼专业技能，精湛的技艺是制造业崛起的强大保证

一天晚上，师傅在做榫卯，两位师哥在房间里玩鲁班锁，但始终找不到打开的方法。在年轻的老王看来，复杂的鲁班锁似乎有非同寻常的魔力，让他挪不开脚步。

看得懂，吃得透，老王的学习能力似乎是天赋异禀。趁师哥们不在的时候，他不到五分钟就解开了一个复杂的鲁班锁。没过几年，老王就熟练掌握了鲁班锁与各种榫卯结构技艺，那时他还不到20岁。

1986年，一个偶然的机会，老王去参观了中国故宫建筑群，走到祈年殿时，王震华不禁看呆了。白石雕栏环绕的汉白玉圆台，鎏金宝顶，蓝瓦红柱的圆形大殿，龙凤浮雕，结构精巧的藻井，以及整体拔地擎天的气势一次次敲击着王震华的内心。用他自己的话说，"几大殿基本看完，等到看完祈年殿就不想走了。"

祈年殿一共有37根柱子，外屋檐的12根代表12个时辰，一个时辰2个小时；第二圈的12根代表12个月，合起来代表24个节气，加上4根金柱，就成了28个星宿，再加8根铜柱，就是36天庚。还剩下一根柱子，在宝顶里面。太壮观了，真的太壮观了，真正的全榫卯结构。老三呆呆地站在祈年殿前，像是与古人通了灵感。"60岁一定要做到！"虽然只有两三成的把握，"我这人性格就是这样的。只要有两三成就上，就攻啊！"

一旦下定决心，老王立刻在僻静的青浦区租了个民房。每天骑电动车往返18.6公里路程，两个多小时的时间。在三年里，老王用最便宜的二手钢刀制作了300多把特制刀，用处各不相同，最细的刀头仅仅只有0.8mm。每天工作10小时，一年只休息10天，整整五年时间没有收入。

从2010年开始，老王几乎天天都会遇到难题，但是老王仍是咬牙坚持了下来。直到第四年的时候，老王的第三代祈年殿终于

做好了。他舒了一口气说:"我才真正感觉到希望了,因为1.5的榫卯出来了。"

2015年的10月30日晚8点,比原比例整整缩小了81倍的祈年殿完成了!窗上有雕花,窗户可开合,小小的一扇门,竟然是由八个以毫厘计算的零件拼接而成。这座祈年殿,是按照力学原理,像建真正的房子那样搭建而成。王震华成就了他千辛万苦、不可思议的五年!

"冰冻三尺非一日之寒""不积跬步,无以至千里;不积小流,无以成江海",神奇绝技又岂可一天而成?所有精湛技艺的获得,都绝非一日一时之力,而是长期坚持、久久为功的结果。把心中所想付诸于行动,把所学技艺练到炉火纯青,把即将失传的手艺传承下去……一个工人有如此多的梦想和愿望,加上决不放弃的恒心,他的技艺必然会成为世界第一。

有一个非常著名的励志公式,很好地说明了这一点:

1 的 365 次方 =1;

1.01 的 365 次方 =37.78343433289;

0.99 的 365 次方 =0.02551796445229;

365次方代表一年的365天,1代表每一天的努力,1.01表示每天多做0.01,0.99代表每天少做0.01。每一天相差极其微小,只有0.01,但365天后,却有了惊人的差别,一个增长到了37.8,一个减少到了0.03。

1.01 = 1 + 0.01,也就是每天进步0.01这样微小的一点,1.01 的 365 次方也就是说你每天进步一点,一年以后,你将取得惊人的进步,达到37.8的成就;如果你不努力,每天照常进行,原地踏步,一年以后你还是原地踏步,还是那个"1";但如果你每天少做这一点点,可是退步这一点点,0.99 = 1 - 0.01,一年以后，你的所得已经远远小于"1"，远远被人抛在后面。

这就是每天长进一点与不长进的区别。持续提升与止步不前是两个完全不同的概念，哪怕是看微不足道的进步，年长月久，也是跨了一大步。

持续提升，就是向前走，就是今天比昨天强，就是对现状有所突破，就是用一种崭新代替一种陈旧，就是进取、更好；进步，不需要很多，一点点就好；每天进步一点点，积少成多、积腋成裘，最终带来的是无法想象的飞跃。

要提升自己，把技能练成世界第一，并不是要一下子把自己提升到某个高度，这不可能也不现实。更不是靠找一些捷径或是要点小聪明让别人认可。技能是需要一点点练出来的，而不是喊出来、想出来的。每天能够在昨天的基础上进步一点点，一年是一大步，五年是一个阶段，十年呢？便是无人能及，世界第一了。

"每天进步一点点"，在修行中就叫做"日精进"。佛祖曾经说过一句话："日精进为德。"每天进步一点点不仅仅是于自己的成功有利，也是德行的圆满。所以对于今天的员工来说，每个人都要以"日精进"三个字时时诫勉自己，思考，改变，行动，向上，全力以赴并坚持到底，要牢记天天向上、日日精进，更要做到天天向上，日日精进，每天都努力前行，每天都进步一点，不要太多，一点点就好，持之以恒，坚持到底，我们将是工人中的工匠，就是世界上独一无二的人才。

传承工匠精神，以传统匠心打造现代工业精品

何为工匠？全身心投入，精益求精、一丝不苟的完成整个工序的每一个环节，有工艺专长的匠人，我们称其为工匠。他有两大特点，一是有专长，二是精益求精。工匠容不得半点瑕疵，工匠看不惯凑合，工匠更是不喜欢劣质。用匠心对待工作，用匠心完成工作中每一个细节，用匠心打造每一件产品，我们的制造业就一定会告别低端而落后的时代。

1.

打造工业精品,最需要纯粹的匠心

匠心是什么?匠心是无论外界如何改变,都一心一意做自己喜爱的事;匠心是精益求精,不差丝毫,不要百分之九十九,只做百分之百;匠心就是穷尽其才去做一件事,极致深沉,直到自己觉得完美。在这个浮躁、快速、便捷、欲望,充斥的时代,如何才能打造工业精品?唯有匠心精神,纯粹的匠心是我们追寻的目标。没有匠心的创造,往往都是敷衍的,经不起推敲。具有匠心精神的人才会以自己的行动,为别人带去更美好的体验。

我国曾是一个工匠大国,具有工匠精神的人无处不在。"工匠精神"是指工匠对自己的产品精雕细琢,精益求精、更加完美的精神理念,这种理念实质是追求一种"匠心营造"。在旧社会,各行各业均以"匠人"之名冠之,比如老师称为教书匠,理发师称为剃头匠,牙医也被称为镶牙匠……在社会职业及所形成的社会群体中,工匠,成了优秀工人的代名词。在如今,形容大师被称为"巨匠",单单一个"匠"字,就反映了整个社会对于"工匠精神"的追求。匠心表现在工作中是虚心。虚以待物,宽以待人。只有保持谦虚的心,才能有足够的心理空间去发现世界、理解世界,匠心表现在工作中的另一种方式是恒心。对待一件事情,愿意用一生的时间和精力来做,以做好、做完美,做到满意为止;匠心还有一种表现方式,那就是不以物质利益为基础,在他们眼中,打造出传世精品与物质利益并不相干,之所以愿意去做,是因为对这件事格外钟爱。

大国工人：
中国制造崛起的资本

从制造大国到制造强国的道路上，我们只有不断打造出超越别国的现代工业精品，才有说话的权力，才有竞争的资本，而这些，首先要具备的就是工人的匠心精神。留在人们美好的记忆里的，还有被视为经典的，或是能传承的，都有一个共同点：凝聚了匠心精神。匠心精神，就是追求极致，追求完美。

走进山东淄博康乾琉璃艺术品博物馆，仿佛走进一座艺术殿堂，一件件由鸡油黄、鸡肝石琉璃制作成的鼻烟壶、萝卜瓶、柳叶瓶、笔洗等艺术珍品琳琅满目，这些作品都出自孙云毅之手。在博物馆，记者见到了孙云毅，由此了解了鸡油黄、鸡肝石的"前世今生"，以及这位中国工艺美术行业艺术大师创作背后的艰辛。

鸡油黄琉璃，色泽呈正黄色，光泽晶莹，温润凝重，抛光后似被酥油浸润，娇艳欲滴，因色泽、油润度酷似母鸡腹中的鸡油，被称为"鸡油黄"，还有"琉璃帝王"之誉。

鸡油黄制作工艺曾一度在我国失传。

上世纪80年代，孙云毅的叔叔孙即杰开始对鸡油黄进行研发。耳濡目染，孙云毅也逐渐对鸡油黄的复杂工艺着了迷。孙云毅自幼喜欢画画，最初跟着叔叔学习国画。1983年，16岁的孙云毅来到博山美术琉璃厂工作，并在此学习鼻烟壶内画技艺。在工作中，孙云毅发现自己的知识不足，1986年，他考入中国书画函授大学，随后又在1990年考入山东轻工美校进行了4年研修。上世纪90年代，博山美术琉璃厂倒闭。孙云毅的父亲和叔叔一同开办了小型琉璃厂，召集到原来企业的一些技术工人，投入了大量人力物力，不分白天黑夜埋头钻研，致力于鸡油黄制作工艺的研发。2007年，他们终于"复活"了鸡油黄制作工艺。孙云毅继承父辈们研究成果，凭着努力和坚持，带着一颗包含敬业、坚持的匠心，使鸡油黄制作加工工艺得以继承和发展。

欣赏鸡油黄不能局限于它的外表，领略它的制作工艺才能了解其精髓。这奇妙的技艺，传承人孙云毅展现得淋漓尽致。2012年，孙云毅成立淄博康乾琉璃艺术制造有限公司。2013年，他为一种鸡油黄琉璃的生产方法以及基于此的浮雕加工工艺，成功申请了国家发明专利，并成为淄博市名贵料器非物质文化遗产继承人。2015年，孙云毅发现鸡油黄产品出现了连续炸裂现象。一开始，他觉得可能是操作问题，便尝试改进退温炉和调整退温时间，但问题依然没有解决。问题到底出在哪？他经过苦思冥想，决定从原料上找原因。这可是件需要耐心的事，因为一件鸡油黄作品需要的原料有近20种。他一种一种原料地试，整整一个月后，最终找出了"罪魁祸首"——一种进口原料出了问题。"相对于制作陶瓷、普通琉璃，鸡油黄在配方、烧制炉温等方面显得非常难控制，即使将原料、炉温保持在同一参数下，也可能会因为天气或冷却时间等因素导致失败。"孙云毅说，这也是前人有"十缸九不成"之说的原因。

随着孙云毅名气越来越大，他的鸡油黄、鸡肝石作品也越来越受到人们关注，他的作品更是登上"大雅之堂"，北京故宫博物院收藏了他的十几件鸡油黄、鸡肝石琉璃精品，英国、澳大利亚等国家的博物馆也纷纷收藏他的作品。"制作鸡油黄工艺要求很高，成本也很高，用料、火候必须恰到好处，稍有不慎就成了次品。即使现在技术发达了，100件中能有10件是精品已经很不错了。哪怕颜色只是稍有偏差或出现一丝气泡，我们也会将其视为次品作废，以保证鸡油黄的品质。"孙云毅始终用一颗精益求精的匠心，对待他的每一件作品。

如今，孙云毅鸡油黄烧制技艺已被评定为山东省非物质文化遗产。2015年，他获得中国玻璃琉璃艺术大师称号，2016年又分

别获得中国工艺美术行业艺术大师、全国技术能手称号。在此之前，他还被评为山东省行业技师、山东省首席技师。

孙云毅说，这么多年对鸡油黄琉璃的研制，靠的就是对这份职业的热爱。"鸡油黄料器是博山人民辛勤和智慧的结晶，是中华民族灿烂文化中的瑰宝。我一定要把它保护好、传承下去。"孙云毅说。

凡是匠人都有一个共同特点：他们不仅技艺炉火纯青，登峰造极，一举一动都展现出高超的技艺，而且他们骨子里有一种重要的精神，这种精神让他们不惜把毕生的岁月奉献给一门手艺、一项事业；这种精神让他们敬畏自己的技术，专注自己的工作，执着追求，精益求精，永不满足，奉献一生，这就是历代工匠最重要的职业精神，这股精神推动了工艺的进步，推动了文明的发展。这种精神也被很好地传承了下来，而正是这种精神的延续，才成就了技艺的代代承传和精神的永恒闪光。他们精湛的技艺震撼过世界，他们追求极致的精神为我们留下了很多叹为观止的瑰宝。这种精神从千百年传承到今天，传承到传统工业与现代化工业转型的关键时刻，作为一名工人，我们更有义务与责任去继承和发扬，把匠心精神带到工作中，带到实际为祖国的奉献中。

 2.

传承工匠的耐心、细致和执着

工匠总是具备许多普通人不能具备的品质。比如对工作的执着、耐心和严格要求做细,做到精致。一般我们都视工作为完成任务就达到了要求,但是工匠不同,他们要求比别人高,他们总是在精、细上下功夫,总是耐心而执着。很多精美的工艺品完成后,每一个人都会惊叹其制作之精美,惊讶其工艺之繁复,却并不会明白这些精巧绝伦的作品背后,作者所付出的辛劳和心血,他们所经历过的枯燥和寂寞。因为每一件精美作品的背后都是重复再重复的精雕细刻,一遍又一遍的耐心打磨,是孤影相伴的重复与枯燥。简单机械的重复看似枯燥无味,实际上是练就真功夫的一种必要方式:通过重复来培养良好的心态从而形成良好的习惯;磨掉急躁的性子、浮躁的心理,达到一种平和、自然的心态,练就超强的意志力和耐心,从而让自己更能沉下心来,专注于其中,让技艺在不断的重复中提升、完善,终至炉火纯青。

"工匠"就是在平凡的岗位上,成就了其不平凡,在精益求精中磨练了耐心,在精雕细琢中铸造了意志。他们在重复枯燥的工作中修行,在对作品的极致与完美中升华。我们在工作中同样也可以学习他们的精神。在重复的工作中历练自己的心志,在单调的工作中寻求新意,把枯燥的工作做得出色,把繁琐的工作做得有条不紊,把平凡的工作做得有滋有味,那么你就是赢家。重复的、机械的、简单的工作,最折磨人也最锻炼人。当你对枯燥的工作习以为常并且能乐于其中后,你的技艺就会在不知不觉中提升,你的意志力和耐心也会得到锻炼,你的成就也就自然而然。

获得第十届中华技能大奖的郑晓明用下面的一句话浓缩了自己工作的技巧和态度——"简单的工作重复做,重复的工作用心做,用心的工作持续做"。

2008年7月,大江工业铸锻公司铸铁生产线铸铁气冲底座出现了断裂,断口长1.5m,厚70mm。因为这项设备为进口设备,再加上年限较长,所以配件很难买到。如果重新制作,至少需耗时两个多月，整个生产线也跟着"遭殃"，面临停产的风险。公司决定焊接修复，可是该底座在使用过程中要承受180吨的冲击力，且又是球墨铸铁，能成功修复吗？

在修复过程中，郑晓明出手了，他承担了焊接技术指导工作。根据不同的部位采用E116、E308、E408焊条进行焊接，为了避免产生裂纹，采用截丝法，预热和焊后热处理及锤击焊缝等方法消除应力。经过连续3天的努力，消耗了80公斤焊条，完成了别人看来不可能完成的任务。并且，此设备运行至今都未出现任何故障。

郑晓明说，焊接时采用左焊法，焊枪与工件夹角宜为75°～85°，焊丝与焊件间夹角为10°～20°，操作时焊枪应均匀、平稳地向前作直线运动，并保持恒定的电弧长度。当填充或盖面时，焊丝应做轻微横向摆动，在接头填满后，逐渐拉长电弧灭弧。"每个焊缝应一次焊完，除瞬间断弧外不得停焊，焊接结束时要注意收弧，防止收弧处出现弧坑而影响焊接质量。焊完未冷却前，不得移动或受力，还可用石棉布覆盖焊接区，或进行退火消除应力和500℃保温3小时的时效硬化处理。"

当然，这些技术对于他来说，只不过是冰山一角。30年的积累沉淀，又该是怎样一笔财富可想而知。

重复而枯燥的工作既可以让一个弱者变得更弱，与成功越来越远，也可以让强者变得更强，离成功更近。不在重复枯燥的工作中消沉，就在重复枯燥的工作中崛起。在工作中，你是做一个强者、一个富有创新意识的人，还是甘于做平淡乏味、默默无闻的人，这就要看你有怎样的工作态度和方法了。不论岗位多么平凡，不论工作多么枯燥，只要我们认真去做，不断地重复去做，都会培养起一个人坚强的恒心和毅力，锻炼意志、耐心和细心。其实，枯燥的其实不是我们的工作，而是心态。能正确地对待枯燥寂寞的工作，把枯燥寂寞的工作当成我们磨炼意志和耐心的途径，我们就能安心于本职工作，踏踏实实地在自己的岗位上努力，最终成就优秀的自己。

博学只靠勤修得，绝技乃由苦练成，一遍又一遍地重复，反反复复地练习，简单的事情重复做，你就是专家，重复的工作用心做，你就是行家，枯燥的工作快乐做，你就是赢家！所以不要怕工作单调或是枯燥，要把枯燥重复的工作看成是磨练自己的机会，以"工匠"的执着敬业精神为榜样，来鼓舞自己，把工作当修行，一丝不苟，精益求精，在重复和枯燥的工作中磨练自己的毅力和耐心，从而使自己精进在当下，成功于明天。

达·芬奇十四岁那年，到佛罗伦斯拜著名艺术家弗罗基俄为师。弗罗基俄是位很严格的老师，他给达·芬奇上的第一堂课就是画鸡蛋。开头，达·芬奇画得很有兴致，可是以后第二课，第三课，……老师还是让他画鸡蛋，这使达·芬奇想不通了，小小的鸡蛋，有什么好画的？有一次，达·芬奇问老师："为什么老是让我画鸡蛋？"老师告诉他："鸡蛋，虽然普通，但天下没有绝对一样的，即使是同一个鸡蛋，角度不同，投来的光线不同，画出来也不一样，因此，画鸡蛋是基本功。基本功要练到画笔能圆熟地听从大脑的指挥，得心应手，才算功夫到家。"

达·芬奇听了老师的话，很受启发。他每天拿着鸡蛋，一丝不苟地照着画。一年，二年，三年……达·芬奇画鸡蛋用的草纸，已经堆得很高了。他的艺术水平很快超过了老师，终于成为伟大的艺术家。

达·芬奇在学画时，曾随老师去希莫尼湖写生，为一间教堂绘画一幅名叫《基督的洗礼》的油画。到了希莫尼湖，老师突然病倒了，没有办法，只好让达·芬奇代为完成油画剩下的部分。当油画全部完成后，教堂的人看到这幅画，不禁赞叹说："好极了！这幅画画得实在太好了，尤其是这一部分。"教堂的人用手指指着画的左下角，而这一部分，正是达·芬奇代画的。正是重复的画鸡蛋，让他从中悟出了画画的真谛，最终成为名垂千古的画家。

老子云："淡兮其若海。"说的就是一个人要有淡泊、淡定之心，要"耐得住寂寞"，只有做到"耐得住寂寞"，才能做到淡泊恬然，得意时淡然，失意时坦然，不去计较名与利的一时得失；不会因得意时的踌躇满志而喜形于色；亦不会因一时的失意而垂头丧气，怨天尤人。只有"耐得住寂寞"，才能静心定气，安心随然，这是做好一切工作的前提，心"静"不下来，就难"安"下来，就会这山望着那山高，就会身在福中不知福。耐得住寂寞，不是消极，也不是心灰意冷，更不是不思进取混日子；而是用淡然的心态看待一切，在力所能及的行为中，努力做好一切。其中的淡泊，既有孔明"淡泊以明志，宁静而致远"的悠然我思，也有朱熹"事理通达心气和平，品节详明德性坚定"的随和。

人生不如意十有八九，难免遭受坎坷，遇到挫折，工作、事业、家庭、生活等方面出现一些这样那样的失败和挫折是正常的，这时，最应该做的就是坚持。做事也好，做企业也罢，坚持是难点，到了一个山穷水尽的时候能不能坚持下来，这是工匠精神很重要的因素。水滴石穿，正因为长期的坚持不懈，长久以来，正是由于缺乏对精品的坚持、追求和执着，才让我们的成长之路崎岖坎坷。平凡永远是人生的常态。但平凡能孕育伟大，平凡的工作成就崇高的事业，平凡的岗位铸就人生的辉煌。在工作中我们要以恪尽职守的意识、热情服务的态度、严于律己的精神，时刻发扬开拓创新、积极进取的工匠精神，踏实工作、立足岗位、创先争优，只要你不甘平庸，就一定也能像大国工匠们那样在平凡岗位上演绎精彩的人生！失败时不沉沦，不怨天尤人，从失败中汲取教训，从逆境中奋起，成功时不骄傲，不张扬，坚持自己的道路，执着于自己的选择，总有一天，你也会列入工匠之列。

 3.

工匠的字典里从来没有"凑合"

凑合的意思就是将就，勉强过得去。工作中的"凑合"与"差不多"是一个意思。凑合、差不多并不是新鲜词语，我们在日常生活中和工作中常常听到。这其实是一种对工作不负责任的表现。差不多就是有差距，有差距就是差很多。正如不平凡与平凡之间，差的就是那么一点点超越。爱迪生说"天才是百分之一的灵感，百分之九十九的汗水。"现实生活中，有很多时候，很多的事情就差那么一点点，而正是这一点点，就造成了巨大的差别。如跑百米的十秒和九秒，就差这么一秒，那就是业余和世界冠军的差别。工作中如果有"差不多""大概过得去""还行吧""凑合"这样的心态，那是绝对要不得的。假如我们制造的是一架飞机，丝毫的"差不多"都会导致飞机失事，人命不保；假如我们生产的是高铁零件，点滴的误差同样会导致人身安全没有保障。可见，工作中容不得半点"凑合"。然而工作中"差不多"和"凑合"还是会出现，也正是有这种心态，工作中才漏洞百出，失误频频，所生产的产品才瑕疵众多，缺乏竞争力。

做一名合格工人，传承工匠精神，我们就要学习工匠品质，认真严谨地工作，在工匠的字典里，从来没有"凑合"，更没有"差不多"。"差不多"就是差很多，就是有距离，就是不合格。工匠是容不得自己的产品不合格的。

大国工人：
中国制造崛起的资本

刘勇是机械工业第六设计研究院有限公司工业与物流工程院院长，是高级工程师、国家一级注册建造师荣誉：郑州市优秀勘察设计工作者，河南省建设厅优秀共产党员，国机集团优秀共产党员，公司创新标兵、经营标兵。37岁的刘勇从业14年，他主持了大量的工程设计，也将一头黑发给磨白了。他信奉的就是"实实在在做人，认认真真做事"。

刘勇所在的中机六院是大型国企，在工厂设计方面具有领先优势。工厂设计其实很有讲究，如汽车厂要生产10万辆汽车，需要多少厂房，多少土地，什么设备，设备之间如何联系，厂房之间如何联系，都很有学问；工艺设备选型、工艺平面布置、总平面布置，并带领工艺、建筑、结构、水、暖、电等十几个专业通力合作，才能绘制出蓝图，交由施工人员施工。"蓝图上的每根线条看似简单，但绝对马虎不得，都是智慧的结晶，决定了厂房投资多少、先进与否。"

刘勇先后承担过工厂设计、非标设备设计、自动控制设计、项目主师和项目经理工作。在工厂设计中经常根据需要定制非标准设备，刘勇就担当起非标设备的研发、制造、安装调试工作，为了攻克一个课题，他连续40天加班到深夜，"三分安装、七分调试"，为了能一次联调成功，废寝忘食已是常态，他连续6年年均出差超过200天，这也练就他的一身技艺。

2008年在齐齐哈尔的工地上，寒冬腊月，业主去车间找项目经理，找了半天没找到，原来刘勇爬到离地10多米的悬空风管上调测风速，等下来时，已是满身灰尘，业主也被他精益求精的态度所感动。

为了能够提高换热效率，他大胆采用天然气直燃式加热装置，即无需通过中间炉膛，直接与燃烧火焰换热，比间接燃烧提高效率30%以上，节能意义明显。本项目获得了第五届全国优秀总承包银钥匙奖，是本行业的全国最高奖项之一。在实际工作中，他练就了一双"火眼金睛"，就是绝对不允许不合格的设计产品流出去。正是对工艺质量的孜孜以求，不厌其烦地查阅资料，才使得他在循序渐进中找准问题所在，打造出了高品质的产品。

由于长期的出差"煎熬"，刘勇看起来显得苍老很多，37岁的他头发已经花白，以至二多年未见的老朋友都认不出他来。但他感觉很值得，经过10多年的技术沉淀，他已经具有了复杂项目的全过程把控能力，先后荣获多项荣誉，是公司少有的创新和经营双料标兵。作为主要参与人，他获得多项实用新型专利和发明专利。

他对自己和产品的要求近乎苛刻，也经常对员工高标准、严要求。他经常要求员工现场传回的问题必须优先处理，避免现场窝工。他还说能工巧匠要善于利用新工具，与时俱进，中机六院的BIM技术运用走在了全行业的前列，利用这项新技术实现了从方案优化、深化设计、模拟建造、运营管理全生命周期数字化管理服务。"像傻子一般的坚持，绝不能做'凑合'先生。"刘勇说。

如果诸多行业、企业都抱着一种"差不多就行"的态度，这里差一点、那里差一点，结果可能会失之毫厘，谬以千里。当"差不多"成为一种氛围、一种风尚，我们要想打造出类似瑞士手表、德国厨具、日本电器那种在国际市场上响当当的品牌，是不可能的；我们想传承工匠精神，制造出属于自己的精品，更是不可能的。工匠从来都是专注于自己的工艺，在手中锤炼，一点一滴，精雕细琢。它容不下潦草，容不下凑合，容不下三心二意和心猿意马，更容不下错误。即使是差之分毫，也是失败，也会将心血全部毁灭。所以,自古以来,工匠眼中没有"凑合",也没有什么是可以凑合的。不合格的产品与精品从来都不会有交集,更不会升级。"凑合"是对工艺的亵渎,是对工匠的辱骂,只有那些不懂工匠情怀,对工作敷衍了事的人才会认同"凑合",工匠永远不会。

4.

摒弃浮躁,慢工更能出细活

浮躁是一种情绪,让人心烦意乱,无法专心于一件事;浮躁是一种恶习,让人不再稳重踏实,变得急功近利;浮躁是一种愚昧,让人盲目举措,失去理智。本质上说,浮躁其实是一种无所适从的生活状态。正所谓浮者,根基不牢也;躁者,耐性不足也。所以说,浮躁对一个人做人成事都是有百害而无一利的,我们必须杜绝浮躁,以求做人的成功,做事的成功。浮躁心是工匠精神的大敌,很多本该天资很高的年轻人,就是因为浮躁心而荒废了青春,成为一个碌碌无为的打工者,有的甚至一事无成。所以,我们要拒绝浮躁,力求踏实坚定,坚韧执着,成为一名"工匠"级的优秀员工。

孔子说:"欲速则不达,见小利则大事不成。"培根说:"名声是条河流,轻浮和空虚的东西漂游在上,而沉重和坚实的东西下沉到河底。"浮躁者的双手永远也托不起事业的辉煌,浮躁者的双脚永远踏不上成功的顶峰。纵观古今中外,凡成大事者,几乎都具备沉稳的性格,经得起诱惑,耐得住寂寞,无论在什么环境中都保得住操守。理智使人清醒,浮躁使人狂妄;成功远离浮躁,失败亲近浮躁。做一个对社会有用的人,必须拒绝浮躁。浮躁是现代人的一种流行病，之所以如此，是缘于人们觉得人生短促，世事纷繁，自己作为匆匆过客，必须活得紧张而又明白，人生才会有意义。其实，这种明白只能是自以为明白，且是地地道道的糊涂。浮躁之人，往往对人生信念不明晰，对生活真谛不了解，虽整日忙忙碌碌，实际却是莫名其妙。尤其在年轻人身上显得更为明显。很多年轻人刚进入社会，心态浮躁，总有股初生牛犊什么都不怕的架势，对于勇于进取来说没什么不好，但在这种大无畏的驱动下，往往容易碰壁，而有时这种劲头越足，心态越浮躁，再加之适应能力差，涉世经验少，又不善于自我调节。常常是眼高手低，既想找个轻松工作，又想报酬好。可现实往往不尽如人意，于是浮躁心态更加严重，以致成恶性循环。

对于一名工人来说，浮躁是大忌。浮躁会让你静不下来，慢不下来。而任何一个产品都不是靠快来完成的。相反，慢能出细活，慢能让质量有保障。所以，我们要想在行业内做出成绩，向工匠看齐，就一定要远离浮躁，安心工作。

西门子、奔驰、博世……在德国，有很多百年工业家族，这些"百年老店"的成功有着共同特质——对每件产品、每道工序都凝神聚力、精益求精，其折射的是现代化大生产时代的"工匠精神"。这种精神让"德国制造"声名显赫，让德国百年工业品牌扎堆出现，让德国在欧洲经济一片困顿时一枝独秀。德国制造在世界上享有很高的声誉。德国制造的支柱是占德国经济99.6%的中小企业，它们往往是家族传承的（占德国企业总数的92%，其中纯家族企业占56%），其中不乏百年老店。这些企业产品的特色为专、精、尖、特，并能够与时俱进，不断突破创新。即便企业做大、享誉全球后，作为企业文化精髓的工匠精神仍然能够长期坚持。德式'工匠精神'的一个特点是'慢'。"科隆大学学者罗多夫对《环球时报》记者说，科隆大教堂，始建于1248

大国工人：
中国制造崛起的资本

年，直至1880年才由德皇威廉一世宣告完工，耗时超过600年。德国工匠的"慢功细活"打造了完美的哥特式教堂。对德国人来说，"欲速则不达"——稳健第一、速度第二。

身处职场的我们，要时刻警醒自己，凡事要有紧迫感没错，但这并不等于急于求成。因为，急于求成中，由于时间、技术等诸多因素的影响，难免在工作中遗留一些由于"急"没有想到或处理到的地方，而这些被忽略的地方或细节，往往是事情成功的主要影响因素。事实也证明，急就不可能把事情做细、做精，就不可能在精细上下太大的功夫，花太多的精力。急于求成时，常常会追求成功的数量，而忽视成功的质量，就更别说产品的极致了。所以说，工作中不应急于求功，适当慢一点，因为慢功更能出细活。

急于求成也就是浮躁的表现。浮躁使多少人对虚荣、利益按捺不住，使人生失去根基，使人的激情退化，情感失态，缺失对美的追求。浮躁的人往往轻率，在心里上表现为冲动、盲目，在情绪上表现为急躁，急功近利；在行动上表现为缺乏理智，盲目冒险。放眼天下，有多少人因为缺乏耐心、性情急躁，缺少冷静，过于盲目，少了脚踏实地，而急于求成终以失败告终。其实，浮躁心在我们每个人身上都或多或少地显现，也反映在我们生活和工作的方方面面，如做什么事都是差不多，什么事都想多快好省，一切工作都不求细致，毛毛糙糙。好大喜功，追求场面，常不愿意踏实做好当下工作，甚至还吹牛。通常喜欢这山望着那山高，有点成功就马上要求回报，否则就觉得吃亏和划不来。还有表现在做事不求细致，应付差事，做什么事都蜻蜓点水。俗话说"慢工出细活"。任何一件产品都不是靠急来的。尤其是一些精细的活，比如刺绣、丝画等精细手工制作品，必须一步一步来完成，着急出不了细活、好活。"慢工出细活"，体现的是一份责任，一份爱心，包含着积极心态，一个"细"字体现了工作的高标准，一个"慢"字意味着出成绩。

但是,"慢工出细活"不是有些人认为的那样,"细活"都是"慢";甚至有些人把"慢"作为躲避工作的"护身符""挡箭牌",认为"干活不能太快,干完这事还有那事,不如慢慢干"。这种现象在职场中表现的尤为明显。有这样想法的人反映到行动中,表现出来的是办事不讲效率,作事邋遢,所做的工作常会错误百出,更别说精益求精了。

浮躁的人如同尚未开花就想去摘果实,一条鱼还未离开水池就想一跃成龙一样;浮躁者,往往刚埋下种子,便急不可待地等着丰收的到来;浮躁者,常常会仅唱了几首歌,便祈望成为明星等等。浮躁者,一般只想做花而不想当叶,更耐不住做根的寂寞;浮躁者,只想当旗不想做旗杆,更不愿意做那拉起旗面的绳子;浮躁者,通常不扫一屋,却想横扫天下;浮躁者,也会在尚未学步,便想天马行空;浮躁者,也往往是潮头的泡沫,幕布上的电影;浮躁者,常常是成不了那翱翔蓝天的鹰鹫,也不甘做那沉默的群峰。这样的人,一般都会一事无成的。

在现实社会中,那些浮躁的人在学习上不求甚解,坐不住,心不静,想不深,心里像长了草似的;在工作上眼高手低,不勤奋,不刻苦,不投入,看什么都简单,不屑于认真去做,也不知道如何去做,一旦去做,却什么也做不了,他们通常做事急功近利,名利当头,哪里露脸就往哪里钻,哪里利高就去哪里,他们往往追求表面文章和短期效应;那样的人,通常是做人玩世不恭,无责任感,无使命感,一切无所谓。在日常的工作生活中,要杜绝浮躁,静下心,沉住气,扎实做好当下,精进当下,因为,真正的大匠、能匠,往往是哪些沉稳且坚定的人。他们做任何工作都先讲质量、求精品。效率虽然重要,但再高的效率没有质量也等于没做或白做。该用"慢工"的时候一定要使"慢工",不能急于求成,关注工作细节,注重产品质量,做出细活。这也正是"工匠"们产品为什么能极致完美的原因,即工匠们能在慢中求细,在细中细琢精雕,在细中求精,在精中精益求精。"工匠"们如此执着与精进的精神也正是当下职场人学习和传承的榜样。

拒绝浮躁，是提高修养的有效方法。鲁迅先生身处那个落寞的年代，对于人们的麻木不仁，充满愤怒和志气的他弃医从文，他誓要用文学治疗国人的心病。从不急于求成，只是发出来自心底的呐喊，唤醒那些麻木的人，他要用自己的笔锋唤起了国人的觉醒，他用他那独特的风格，严厉的批判着一切的麻木。作为工匠的传承者，要做出最好的作品，就要耐得住性子，要沉得下心，远离浮躁，不要怕慢，不要怕产量不多，因为慢工更能出细活，急于求成反而不成，这正是工匠精神的重要内涵。

5.

雕琢每一个细节，不允许半点瑕疵

我们工作中常常会出现一些问题，由于一些细节和环节上做得不到位，常常会造成较大的影响。其实只要稍稍细心一些，结果就大不一样。对于很多事情，执行上的一点点差距，往往会导致结果上出现更大的偏差。在实际工作中很多执行工作的人，做事没有做到位，甚至相当一部分人做到了99%，就差1%了。可惜就是这一点细微的区别，使他们在事业上很难取得突破性的发展与成功。实际操作中若一招不慎，很可能会导致严重的后果，那时就悔之晚矣。就如100件事情，若99件都做好了，唯独1件未做好，而恰恰正是这1件事，可能对某一单位、某一组织或者某个人就有100%的影响。工作中你若让顾客在电话里等太长时间，或一通电话就转了四五个人接听，那你就别再妄想留住这位顾客。或如将客户的订单弄丢或是延误交货等，必定会让你的顾客流失。这些，也许都仅仅只是1%的失误而已。做制造业更是容不得有半分的马虎，大到一门机器的组装,小到一枚螺丝的松紧都有可能影响机器的运转,所以每一个细节我们都要以精雕细琢的工匠精神来完成,每一道工序都不能有半点瑕疵。

在工作中,将每个步骤、环节做到位是十分重要的。将每个步骤、环节做到位,那就必须注重细微,莫让细节影响成败。要想把事情做到最好,必须严格按照步骤,做好每一个环节的工作任务,按要求做到位,像"工匠"对待自己产品那样精益求精,同时还必须给自己一个很高的标准,凡事多动脑,勤动手,细观察,多总结,粗心大意就不会滋生。我们的工作才会严谨,才能稳步推进,才能成就平凡中的不平凡。

小巧而又极易破碎的鸡蛋壳、鹅蛋壳,经过妙手雕刻竟然可以变成图形逼真、色彩斑斓的艺术品,这就是壳雕艺术。

壳雕,就是在鸡蛋壳表面雕刻各类栩栩如生的人物头像、植物山水形成具有特殊韵味的雕刻艺术品。壳雕中,尤其是镂空壳雕,难度相当大。每次雕刻之前都需要先把抽空的蛋壳晾干,再根据蛋壳的大小、颜色的深浅和厚薄程度,选择适合的图案;动刀之前,先构思好草图,用铅笔在蛋壳上画出底稿,再动手雕刻。与浮雕不同,鸡蛋壳又薄又脆,稍不留神就会刻断本该相连的部分,前功尽弃。上世纪90年代,全国从事蛋刻艺术的人寥寥无几,从事镂空雕刻蛋壳的人更是微乎其微。而王金义无疑是其中的佼佼者。

王金义30岁时迷上了彩蛋,然后自己开始尝试着用蛋壳雕刻小玩意儿。随着功力的逐渐深厚,他突破了蛋壳上的镂雕、浮雕技艺,大胆地尝试在蛋壳上作画。从鸵鸟蛋到鹌鹑蛋,从放大镜到显微镜,王金义不知熬过了多少个不眠之夜。但当他终于能在易碎的蛋壳上随心所欲、娴熟自如地作画雕刻时,他感受到了平生最大的乐趣,也练成了自己的"绝活儿"。

蛋壳本就容易碎,要在上面雕刻图案,其难度可想而知。有时为了完成一件作品，要失败几百次、甚至上千次，才可以雕刻出完美的艺术品。王金义的作品堪称杰作，那惟妙惟肖的花猫、盘旋飞舞的巨龙、高耸入云的巴黎铁塔……这一幅幅毫发毕现、生动传神的艺术作品，居然是在厚度仅有0.2毫米的鸡蛋壳上雕刻而成。许多人看了都在心里打个问号，直到用手摸一摸后才相信。1998年，他的这些生动传神、精致绝伦的壳雕作品，被收入世界基尼斯记录，王金义也成为著名的壳雕艺术家。

细节是平凡的、零散的，又是具体的，如一句话、一个动作、一个微笑。细节很小，容易被人们忽视，但它的作用有时候却非常重要。有些细节会深深地印在我们的脑海中，留下终生难忘的印象；有些细节会改变事物的发展方向，使人们的命运发生转变。对个人来说，细节体现着素质；对部门来说，细节代表着形象；对事业来说，细节决定着成败。工作中，总有人觉得自己的工作微不足道，做好做坏都不会有什么影响，所以在工作中总有满不在乎的情绪，认为自己这一点工作没有做好是无所谓的，不会对公司造成太大的影响，甚至，这一点疏忽老板是根本看不见的。仔细想想，任何惊天动地的大事都是由一件件小事构成的。能把小事做到位，做到不平凡，这样的员工才是成功的员工，这样的人才会拥有成功。也许你的岗位看起来并不是像你想象的那么重要，也许你认为你的岗位太平凡，以至于做起来索然无味，但是，如果你能坚持，不停地重复它，把它作为你生命中最重要的事情来对待，你就一定能够做出不平凡的业绩来。注重细节是一条通向成功的必由之路。一个人持之以恒地注重细节，勿以善小而不为，认真地做好每一件小事，处理好每一个细节，那就有可能进入举重若轻的更高境界；一个人如果好高骛远，不注重持之以恒地做好小事，不注重处理好细节，那他绝不可能达到"举重若轻"的境界。假如一件事要成功需要一百个环节，那么要成功就必须做好一百个环节，但是要失败只需要一个环节做不好就足够了。

很多小事，每个人都能做，只是做出来的效果不一样，往往是一些细节上的功夫，决定着完成的质量。看不到细节，或者不把细节当回事的人，对工作缺乏认真的态度，对事情只能是敷衍了事。

有"世界上最成功的推销员"美誉的乔·吉拉德，非常重视做事的细节。他一年中卖出最多的车辆是1425辆，让他成为同行之星。但这些大成就，都与他注重细节的工作精神分不开。

一次，一位普通妇女走进吉拉德的汽车展销室。她随意地对吉拉德说："我很想买一辆我表姐开的那种白色的福特车，但对面的福特汽车行经销商让我过一个小时再去，所以先到这看一看。"

吉拉德非常热情地欢迎她进来，无意中听到这位妇女说今天是她55岁生日。吉拉德轻声交代了助手几句，随后领着这位妇女观看了一辆辆新车，并对每一辆进行了详细的介绍。

当来到一辆雪佛莱车前时，他说："夫人，您对白色情有独钟，瞧这辆轿车，也是白色的。"就在这时，助手走了进来，把一束鲜花交给了吉拉德。吉拉德把这束漂亮的鲜花送给了这位妇女，对她说："夫人，生日快乐！"

那位妇女感动得热泪盈眶，说："先生，太感谢您了！已经很久没有人给我送过礼物了。之前福特车的那位销售商看到我开着一辆旧车，一定以为我买不起，所以我提出要看看车时，他就推托要出去收一笔钱，我只好上您这来等他。现在想一想，也不一定非要福特车不可。"结局大家都猜到了，吉拉德轻松地将一辆白色的雪佛莱轿车卖给了这位妇女。

虽然只是一束普通的鲜花，吉拉德却利用它来成就了一笔不错的业务。注重细节，就是他的成功之道。

魔鬼就藏在细节里。有些看似正常的细节，其实只要认真思索，确实隐藏着一个又一个魔鬼。于人、于事、于物，于世间种种皆能用细节反映。那个福特车的行销商可能认定妇人买不起新车，所以借故离开，而吉拉德则在妇人强调"先到这看一看"的情况下特意买了鲜花送给对方，正是因为这个细节，让这个销售大王再一次印证了他在销售行业的绝活。工匠是从来容不得自己的产品有半点瑕疵的，他们宁愿一千个半途而废，也不愿最后的结果不满意。我们要想让中国的制造业真正强大，就要承传工匠的精神，从小事做起，在细节上肯花功夫。把细节做好不是浪费时间，也不是做无用功，而是保障产品的质量。

 6.

不怕付出，但求产品的完美、更完美

《菜根谭》有一句话说：文章做到极处，无有他奇，只是恰好。真正的好文章不是字字珠玑、堆玉叠翠的繁复和绮丽，也不是至刚至简、貌似高大上的深奥明哲，而是"恰好"，饰于当饰，简于当简，行于当行，止于当止。而这种恰好，是要经过千锤百炼、反复打磨才能得到的精品。

在今天，这种精益求精、不断精进、追求完美的精神其实也体现在现代工业的方方面面，特别是那些注重品质、追求完美的知名品牌企业，和那些从来不允许一点点瑕疵存在的工匠大师，更是这方面的典范。

2017年9月15日晚，南仁东因病逝世，巨星殒落，举国哀恸。

南仁东是国际天文科学家，是我国的"天眼之父"。他创造出了世界最大最灵敏的单口径射电望远镜"天眼"，它比美国最先进的阿雷西博350米望远镜综合性高10倍，比德国波恩100米望远镜灵敏度高10倍，能收到1351光年外的电磁信号，未来甚至能捕捉外星生命信号，它将持续领先世界二十年，开启中国的观天时代。

"当天才专注的时候，没人能赶超他的步伐"。当时选择了天文，南仁东便义无反顾地陶醉其中。从优秀大学生、特批游学人员到国际天文专家，追求卓越、勇攀高峰始终是南仁东不变的人生方向。哪怕面对巨额的经费、几乎遥不可及的科研人力需求，南仁东坚持要建造新一代射电望远镜FAST。从选址到拉赞助，再到立项，只要能快一点开始宇宙的探索，快一点开启观天时代，没有南仁东翻越不了的高山，跨越不了的河流。缅怀南仁东，就是要学习他这份敢于创新创造，敢于追求卓越的工匠精神，使之成为攻坚克难的牵引力。

在科学领域没有"差不多"，只有每一步、每一环都精益求精，科学探索才有科学成果。对此，南仁东选择用11年的时间，走遍中国300多个候选地，探寻最合适、最独一无二的天眼选址。发挥"学霸"特质，打破"术业有专攻"的局限，研究天文、无线电、金属和力学，"把世界都装在心里"。甚至22年以来，南仁东只专心做FAST项目这一件事。这些坚持和付出，为了就是创造一个新的、更好的天眼。缅怀南仁东，就是要学习他这份"咬定青山不放松"的不懈坚持和"没有最好，只有更好"的品质追求，使之成为刻苦钻研的推动力。

"在我眼中，知识没有国界，但国家要有知识"，南仁东的一句话，让国家成为了自己永远的顾客。为了推动国家天文事业的发展，南仁东立志建造天眼。哪怕面对90年代中国相对的贫困现状，南仁东没有退缩，更没有放弃，而是主动当起"推销员"，想方设法拉赞助，全力以赴促成立项、开工、建成、运营，实现天眼领先世界二十年的卓越成效。

工匠们做手艺，不仅仅为了赚钱，更是为了心中的梦想，为了达到自己的目标。很多工匠收入很少，糊口都不容易，但是他们却安守清贫，不为名诱，不为利惑，专注于自己的目标，执着坚持，终生不悔。

这就是真正的工匠精神，不是为了赚钱而来，不为名利而来，付出再多也没关系，重点是做出自己满意的作品，不计成本，不怕费工，只要完美的产品。在今天这样一个科学技术高度发达、工艺技术炉火纯青、全自动化生产技术和全封闭式流水线生产时代，影响我们不断努力的仍然是工匠精神，仍然是把制造业大国转向于制造业强国的神圣使命。他是最伟大的天文学家，同时又是奋战在第一线的普通工人。用11年的时间，走遍300多个候选地，只为找一个更适合的地点；22年来只做这一件事，只为让结果更完美。他是真正的大师，真正的大匠。

从字面上看，工人和工匠之间虽只有一字之差，但两者却有天壤之别。工人与工匠可能同样没有高学历，同样没有过人的天赋，但工人仅仅停留在工作的表面，而工匠却将工作深入骨髓。工匠在工作中即使再小的细节，他们都会全心专注，全力以赴，即便再苦再累，付出再多，他们也没有任何怨言。他们善于从细微处入手，用"螺丝钉"精神，努力在技工、技能上寻发展、求突破。精湛的技术加上敬业奉献、精益求精的精神，便从工人变成了工匠。

任何一份工作都少不了付出。但付出后的结果只有自己才能把握。工匠会在每个细节处仔细再仔细，认真再认真，让产品完美更完美。可能很长一段时间的付出被一点小瑕疵而否定，也可能在付出无数个艰辛的日子后半途而废，但是他们从不气馁，因为他们要的是每一件产品都是上一件的超越，每一次的创造都更进一步。正是具有"工匠精神"的匠人们有着追求完美、再完美的执着，为了完美不计代价，为了完美甘心付出才使得其对自己的工作一丝不苟，精益求精，对自己的产品精雕细琢，达到极致。在某种程度上说，正是这种追求完美、再完美的精神，才促使技艺不断向前发展，才诞生了无数精美的作品，也正是追求完美、再完美，才成就了个人的事业，奠定了成功的基础。

没有最好，只有更好。这句话放到工艺和技术上，放到创作和作品上，都非常合适。没有最好，只有更好，追求没有止境，完美就没有尽头，最好的永远是还没有诞生的。完美不是道路的终结，是追求极致的必经之路，我们只有渴望完美，才有可能使自己趋向于更加完美。在工作中，让自己的产品完美，才能够精益求精，有精雕细琢的执着；也只有不断追求完美，我们才会在奋斗的道路上更有动力，更具创造性。只有这样，我们才能切实践行"工匠精神"，才能真正领会工匠精神的那种对工作的执着，对所做事情、所生产产品的精雕细琢，精益求精，才能达到真正意义上的不断精进。

 7.

把工匠精神渗透到工作的每一个环节

"工匠"，技艺精湛，匠心独具。他们勤劳，敬业，稳重，干练以及遵守规矩，说一不二，一丝不苟；他们不断雕琢自己的产品，不断改善自己的工艺，享受产品在手中升华的过程；他们用工作获得金钱，但他们不为金钱而工作；他们耐得了寂寞、经得住诱惑，将毕生岁月奉献给一门手艺、一项事业、一种信仰；他们执着，坚守，精进，不断追求极致与完美。

工匠精神在工业时代，从近处讲，是眼前一件件有价值的精美产品；向远处说，是希望，是机遇，是未来的无限可能。在当今工业化时代，追求规模和利润的"商人精神"大行其道。而那些力排万径，独行其道，在喧嚣中坚守在古代匠人和欧洲工坊中传承千年的"工匠精神"，且能摒弃粗制滥造，潜心精雕细琢，对细节之处精心考究，在细微之处追求极致，每一个环节精心打磨，将艺术之美融入到产品的精心创作之中。这将是需要多大的耐力和韧劲！实践证实，也正是对品质精益求精、追求极致并执着坚守的企业，才能百年长存。

著名国画大家李可染曾说过："没有好的宣纸，就作不出传世的好国画。"一张宣纸从投料到成纸，需要一百多道工序，其中决定宣纸成败的就是"捞纸"这道工序，周东红就是一名捞纸工，从业30年，每张宣纸误差不超1克。国内不少著名的书画家都点名要他做的宣纸。

所谓"捞纸"，就是两个人抬着纸帘在水槽中左右晃动，一张湿润的宣纸便有了雏形，整个过程不过十几秒。正是这来不及眨眼的十几秒，宣纸的好与坏、厚与薄、纹理和丝络，就全决定在这一"捞"上。

周东红说，这叫"一帘水靠身，二帘水破心"。双手要摆到水面上，不要动，像绳子一样吊着，然后整个手抬起来45°角，抬得齐肩那么高。要从正中间下水，用双手舀水往前走大概15公分左右深度。做成的每刀宣纸的重量不能超过上下一两的误差，也就是说做成的每张宣纸的重量的误差不能超过一克。这样重复的工作，周东红和他的搭档每天要重复捞纸动作一千多次。他说："这三十年来，我捞的每一刀纸误差都不超过一两，这就是我的手艺。"如此重复枯燥的工作能坚守30多年不放弃，那将一种何等难能可贵的精神!

周东红说宣纸是老祖宗留下的东西,已经有1500多年了,一张宣纸从投料到成纸需要经历300多天,18个环节,100多道工序。因为工作单调枯燥,还要起早摸黑,现在他和他身边做宣纸的人都已经是越来越老,愿意学这行的年轻人是越来越少了。他最初从事捞纸行业,是为了生计,但是这么多年下来,他已经慢慢地爱上了这一张张宣纸。正是这种对工作的热爱,他每天都早起一点去做,他的妻子说:"他凌晨两点起床就去捞纸了,捞到下午五、六点才下班。"冬天把手伸到冰冷刺骨的水里,即便是长了冻疮也要下水捞纸,勤学苦练,就为了找到那种感觉。

周东红现在是当地出了名的捞纸大师,每年经他手捞出的纸就超过30万张,没有一张不合格。看着周东红捞纸如行云流水,其实在刚进厂的时候,他差点放弃了这个行业。当时周东红和另外一个人起早摸黑干了一个月,竟然没完成任务,于是就打了退堂鼓。

但是老周是一个很要面子的人。他一想,自己好不容易从一个农民变成了国有企业的技工,在亲戚朋友眼里也算是个有出息的人,如果辞掉工作怎么有脸回去见人。从此以后,他静下心来拜师学艺,勤学苦练。

捞了一辈子纸的老周,几天前,刚刚获得了他人生中的第一个全国五一劳动奖章。虽然在造宣纸这个行当,周东红已经是响当当的人物,但是无论酷暑严寒,他依然坚持每天都要长时间下水捞纸,他说只有这样才能让手的感觉一直存在。

或许有人会说,工匠精神诞生在手工艺为主的农业时代,人们彼时有足够的时间让人慢条斯理地做一些东西,而工业时代的流水线摧毁了这种慢条斯理。我们知道流水线、快节奏固然带来了效率,但"慢工出细活"

的优势也很明显，精雕细琢出极致的精神依然值得传承。看看现在的瑞士钟表、德国相机等，哪一样不依旧屹立在行业之巅？这些历史悠久的百年老店就是对工匠精神内核的完美诠释。

据统计截至2012年，寿命超过200年的企业日本有3146家，为全球之最，德国有837家，荷兰有222家，法国有196家。探究这些企业长寿的秘诀，居然是相同的，就是这个企业都有对自己品牌的无限热爱之情，都对自己的行业高度认同，对自己的产品精益求精，并在不断的传承和发展中推陈出新，不断开拓，使产品越来越精美，服务越来越优质，才使得其拥有过硬的产品，进而走上"创新""创造"之路，成为行业领跑者和佼佼者，传承几百年依然魅力不减，事业长青。

新时代运用了广泛的机械代替手工制作，原先一些用手工做起来很难的工序都逐渐被机械代替，所以一些人总认为工匠那是手工时代的事，现代化工业都靠机械运转，哪里还需要工匠？也许一些传统手工制作确实已经被机械代替，但是工匠精神始终都在。工匠精神永远都是我们需要传承与发扬的。要想做好工作，真正做到新一代优秀工人，我们就要把工匠精神融入到工作中的每个环节，以大国工匠的标准来要求自己，来让自己的工作更完美。

驱动变革创新，让"中国制造"向"中国智造"完美转身

不管什么行业，只有不断创新，才能始终立于不败之地。创新具有神奇的力量，它可以让濒临死亡的企业起死回生，它可以让默默无闻的人一夜之间家喻户晓。要想将"制造"与"智造"融合，唯一办法就是不断创新。创新技术、创新思维、创新方法，创新理念，无论哪种创新，我们的目标都是让制造大国变成制造强国。

第七章 ◆驱动变革创新，让"中国制造"向"中国智造"完美转身

 1.

制造业是领跑还是落后，关键在于创新

制造业直接体现了一个国家的生产力水平，是区别发展中国家和发达国家的重要因素，制造业在世界发达国家的国民经济中占有重要份额。这是为什么各国重视制造业，一心为制造业加快步伐的主要原因。我国目前正处于转型升级的重要阶段，创新既是压力又是机会，能不能在2025年顺利进入世界制造业强国，最主要的途径还是依赖于广大工人的力量在现有的制造业技术上不断创新。

当今时代的生存逻辑是：先行者"通吃"，后来者只能吃"残渣剩饭"。这句话鲜明表达了因循守旧与创新驱动的差别，也鲜明表达了"跟跑"与"领跑"的差别。一些企业之所以难以实现突破，就是因为其发展策略总是"跟跑"，而只有通过创新驱动，才能真正实现"领跑"。而企业若想实现"领跑"，那么企业岗位上的每一个员工就必须转变观念，发挥自己的创新能力，齐心协力推动企业创新的步伐。

实践证明：创新不但是企业更是现代员工在职场中竞争发展的关键，谁拥有强大的创新能力，谁就能把握先机、成为"赢家"。的确，谁能创新，谁就是"赢家"。成都极米科技的员工曾经缔造过用10分钟创造了1000万元销售额的神话，其原因就在于创新已经根植于企业，根植于员工的内心，即使与LG、索尼等世界级企业竞争，也能让他们赢得一席之地。鲜活的例子启示我们：创新决定着财富分配、经济话语权。创新产业是"朝阳"，陈旧产业是"夕阳"。而产业是"朝阳"还是"夕阳"，关键取

决于从事这一产业的生产者是否具备高度创新精神。

英国是工业革命的发源地,是第一个被称为"世界工厂"的国家,曾经为世界贡献过从瓦特蒸汽机、莫兹利车床、惠特尔喷气式发动机等不计其数的技术创新,至于科学成就和制度创新就更是不胜枚举。然而另一方面,当代英国却不能称之为一个工业国家,2011 工业在英国 GDP 的总量中只占 16%,更重要是的英国所拥有的标准在全球的比重很小,英国的统计体系中处在工业门类下的产业只有"石油、化工及制药""航空航天中的飞机发动机"和"食品、饮料及烟草"三个方面尚在国际上有优势。这种转变是怎么发生的呢?

英国社会的一个根深蒂固特点是贵族阶层和平民阶层的相对固化,这种相对固化衍生出了很多英国社会的特质,其中包括教育体系的精英与平民。直到 19 世纪末,英国才开始着手建立"教育系统",不但晚于大多数欧美强国,甚至晚于日本。在此之前,英国只有牛津、剑桥这样的"私立"大学和形形色色的"职业教育"。牛津、剑桥这样的"私立"大学是供贵族阶层子弟念书的,而形形色色的"职业教育"才是平民子弟受教育的场所,这些职业教育中最重要的传统就是工匠中的师徒授受,与中国的不同之处英国的工匠协会比较强大。英国工业革命过程中的主体力量是工匠协会的成员们,而来自牛津剑桥的人物比例很低,这是因为牛津剑桥在当时没有工业技术教育。

19 世纪的英国工业体系形成了崇尚企业内部追求工艺卓越,但由于缺少更高层次的协调而无法形成优势企业群的特点。英国特色体现为有杰出工业企业,但缺少杰出的工业企业群。就其微观原因而言,这是因为尽管英国工业界能够提出问题,但精英化的教育和研究系统却没有得到很好的协同。直到 19 世纪中叶英国的工业革命已经完成，皇家学会也还是一个优秀工匠为主的组织，大多是类似法拉第这科学历相当于小学的平民子弟，他们研究工艺和技术，但不研究组织、管理。这就造成当19世纪末化学与电气工程时代到来之时，英国难以追上前沿的脚步。

20世纪的英国也曾努力想改变落后与工业时代前沿的趋势，但留下的大多是劳民伤财的失败历史，如协和式飞机、改进型气冷反应堆（AGR）等。另一方面，从英国贵族传统中生长出来的贸易、高端服务业和金融业传统使英国人有了更容易挣钱、也更为体面的生存方式。2011年，服务业在英国GDP中占了77%的份额，其中最主要的是金融业（金融在英国的统计体系中列入服务业）。伦敦是当前世界第一大金融中心，在当代金融的一些核心领域，如国际债券发行、货币衍生品市场等方面，伦敦的份额是排在第二位纽约的两倍以上。国际石油、金属原材料、黄金等重要商品价格的最主要交易所在伦敦。当代英国实际上是主要依靠金融业尤其是衍生金融市场的"虚拟经济"国家，因此工业被挤到比较次要的地位。

在工业领域，当代英国尚有优势地位的是罗尔斯－罗伊斯公司的飞机发动机、葛兰素制药和BP石油公司等个别门类。而这些门类具有英国的特殊性。飞机发动机尽管是工业产品中技术含量最高的，但它不是大批量制造产品，每一个型号都不可能一年生产数千台。飞机发动机和制药业方面，英国延续的其实是单个企业的英雄主义传统。而石油公司则实际上不属于依靠大规模技术创新的制造行业。可见，当代英国实际上只在个别领域上尚能保持创新活力，在任何一个以大规模制造为基础的创新领域，都难觅英国企业。

企业、员工是否具备与时俱进的创新精神，不但能够对员工自身、整个企业产生翻天覆地的影响，甚至能够影响到整个国家。对于现阶段的中国制造业来说，我们在创新领域也面临着不小的挑战，而能否应对这一挑战，关键就在于每一个企业员工，能否真正实现中国"智造"也就在于每一个企业员工能否真正将创新放在重要的位置上。

然而，现实是我国企业及企业员工目前的创新能力仍旧没有达到世界前列的水平，很多创新还仅仅停留在"山寨"上，而要想真正实现中国"智造"，那么每个企业、每个员工就必须意识到影响创新发展的核心要素。

影响创新能力的因素主要有三个方面。首先是企业本身的知识基础。中国企业原来只是买生产线，没有太多创新，最多只是改款。发达国家工业化100多年了，我们改革开放才30多年，积累有限。其次是企业研发投入不足。我们企业目前多是从规模扩大上实现收益，而不太愿意通过创新实现。原因之一在于创新风险比较高、花费也高，不成功是家常便饭。原因之二在于企业本身经济能力薄弱、盈利水平本来就不高，想创新也困难。再次是人员的问题。中国研发力量多在大学、研究院所，在企业的很少，这也是造成企业创新能力薄弱的重要原因。

"还有更重要的一点是中国企业缺乏在战略层面追求创新的企业哲学。"刘峰说，比如苹果公司是偏好创新和冒险的，而苹果的发展之路并不是一帆风顺的，它有现在辉煌的时刻，也有过快破产的经历。之前曾有一阵苹果是被当作失败的案例去研究的。

关于企业哲学，吴晓波表示，中国正处于转型期，人才、管理都呈现很高的动态性，可持续、相对稳定的体系在中国还尚未形成。在追逐短期效应的浮躁心态影响下，企业很难实现长期良好的发展。就企业哲学来说，这些企业与发达国家先进企业的差别较大。西方企业的经营理念，多为清晰信息，容易描述，可以有效指导企业发展。中国企业的哲学则多是来自道家、儒家、佛教等隐性知识，流于抽象的概念，很难给予企业员工们准确的指导。

此外，中国的教育培训体系缺乏批判精神的培养，对创新力的重视依然不够，社会对创新的尊重也不充分，导致中国企业的创新意识发展缓慢。

意识到问题，那么无论是企业还是员工自身，就应该着手去解决、克服，只有这样才能够真正为实现中国制造向中国"智造"的转变添一份力，也让自身能够在这个创新的时代下得以进步、发展，避免被淘汰。

"创，始造之也。"如今，国家把创新作为五大理念之首，再次吹响创新的"冲锋号"。当前，新一轮科技革命和产业变革正在孕育兴起，"十三五"时期是转方式调结构的重要窗口期，面对全球科技变革，每个企业、员工都应当通过努力去推动新技术、新产业、新业态蓬勃发展，瞄准世界科技前沿，实现重大创新成果，推进科技成果产业化，使创新成果变成实实在在的经济活动，形成新的产品群、产业群。可以说，创新就像短道速滑，我们在加速，人家也在加速，关键要看谁速度更快、谁的速度更能持续。

著名企业家艾柯卡说："不创新，就死亡。"这句话对我们既是警醒，也是鞭策。而今，历史到了一个新的拐点，就像短道速滑一样，只有两种结果，要么领跑，要么跟跑。可以预见，只有深悟创新之道的企业、员工，才能保持和发挥优势，用更多的"智造"让自己站在"领跑"的行列中。

 2.

突破制造业的瓶颈，必须依靠创新

创新是一个民族进步的灵魂，是一个国家兴旺发达的不竭动力。历史经验证明，大到一个国家、一个民族，小到一个企业、一个团队，只有勇于改革、勇于创新、不畏艰险、攻坚克难，才能兴旺发达、战无不胜，才能不断从胜利走向新的胜利。随着新一轮科技革命与产业变革加速到来，制造业竞争形态由独立主体间的博弈逐渐转为创新体系的对抗。新中国成立以来，我国制造业发展经历了"从无到有""从小到大"的历史性跨越，制造业的创新体系也不断完善，但是仍然有许多瓶颈拦住了去路，而去除这些拦路虎，就必须依靠创新，只有走新路，用新方法，才能使制造业发展得更快。

一个企业当以一种模式发展到一定程度或是面临整个行业的转型时，往往都会遇到发展的瓶颈；而对于一个员工来说，当自己能力的提升、付出的汗水到达一定水平后，想要再实现进步也会遇到"天花板"，这时候往往就需要一股力量，来克服这一瓶颈，而创新恰巧就能够给我们提供这样的力量。

企业的生产创新一大部分源自于企业内部员工的创新，那么不妨就从我们员工自身的角度来看一看，为何说创新是突破瓶颈的关键。在生产岗位上有这样一个现象屡屡呈现，不少员工日复一日年复一年的做着重复的事情，就像卓别林的摩登时代。做技术的面对着流水线式的开发；做行政的面对的是永远重复不变的日常工作和员工的问题。很多人的工作就像每天考虑做什么饭吃什么一样周而复始，这样的局面同样也造成了很多员工难以突破自己能力、知识、创造力上的瓶颈，甚至被时代所淘汰。

总是遵循着同样的模式去工作，让一个人的工作能力到达一个高度后再也无法提升。这首先是因为一种固有思维和模式总会有一个"极限"，当你已经在这种思维和模式下将工作做到了最好，那么就不可能再获得工作效率与质量上的提升，自然也就无法让你的执行力表现得更好。除非我们能够突破一种思维和模式的束缚，否则就永远不能超过这一"极限"，从而让自己碰到岗位能力上的"天花板"。

其次，没有创新的工作是很容易让人感到疲劳的。当我们永远机械式地按照一种思维和模式去工作时,很快就会产生对工作的厌倦,从而让自我效能感大大降低,随之而来的就是工作动力一落千丈。没有了动力,工作效率自然也就不可能再有大的提升。而我们就会因此而永远地被挡在某一个区间工作业绩的"天花板"之下,难以到达新的高度。

一家规模不大的建筑公司在为一栋新楼安装电线,在一处地方,他们要把电线穿过一根10米长但直径只有3厘米的管道,管道砌在砖石里,并弯了4个弯。他们开始感到束手无策,显然,用常规方法很难完成这个任务。

后来一个爱动脑筋的装修工想出了一个非常新颖的主意:他到市场上买来两只白老鼠,一公一母。然后,他把一根线绑在公鼠身上,并把他放在管子的一端。另一名工作人员则把那只母鼠放到管子的另一端,并轻轻捏它,让它发出吱吱的叫声。公鼠听到母鼠的叫声,便沿着管子跑去找它。公鼠沿着管子跑,身后的那根线也被拖着跑。因此,工人们就很容易把那根线的一端和电线联在一起。

就这样,穿电线的难题顺利得到解决,这位爱动脑筋的装修工,也因为创新而得到老板的嘉奖。

一个看起来难以解决的"瓶颈"问题,只因为一个小小的创新思维就迎刃而解了。在我们的工作中其实也是如此。当自己遇到所谓的能力上的瓶颈或是业绩上的瓶颈,而现有的工作思维与工作模式都无法让自己突破它时,就应该尝试去创新了。只有学会创新,通过创新获得更先进的工作方法和思维、理念,我们才有可能摆脱原有思维与模式的束缚,向着全新的高度迈进,使自己获得更大进步,帮助企业实现创新转型、使我国真正实现中国"智造"。

大国工人：
中国制造崛起的资本

有一个厂子，常年生产衬衫，可是，随着人们思想的转变，穿这种老式衬衫的人越来越少了，厂子的效益一年不如一年。几年下来，库房堆满了卖不出去的旧货。

这时，有个年轻的工人提议，把积压的白衬衫前后印上一些字。比如："朋友，别再伤害我！""我烦着呢！离我远点！""笑一笑好吗？""一块儿吃个饭吧！"这些新潮的词印在衬衫上，让这些衣服显得很另类，满足了当下年轻人追求时尚的心态。

当时，很多人不赞同这种做法，认为这种改变意义不大。厂长决定先做出一批投放市场，看看客户的反应如何。很快，一批印有标语的衬衫摆到了商场的货架上，让人意想不到的是，这些衬衫很快被销售一空。于是，第二批、第三批印着个性标语的衬衫纷纷上市，并大量销售，一时间，无人问津的"老衬衫"变成了一种时尚的服装。该厂不仅卖掉了积压的产品，还加班加点地进行生产，一个濒临破产的企业居然起死回生了。

积压多年的衬衫原来并不是没有人要，而是思路不对。一个小小的创新，让厂子起死回生的事例到处可见。有句阿拉伯谚语说得好："你若不想做，会找到一个借口；你若想做，会找到一个方法"。这个时代需要的不是只会出力、不讲方法的人，而是靠创新智慧找到正确的工作方法的人。研究表明，左右一个人成功的最关键因素是思维模式，不在于智商的差异。作为一名工人，我们不仅要对自己的工作认真负责，还要负起不断创新的责任。从小的方面说，只有创新才能免除工作上的枯燥，让工作更有趣；从企业而言，创新能获得更丰厚的利润；就国家而言，有了不断的创新，就有了竞争的资本。所以不管从哪方面来看，创新都是使制造业发展更快，使国家更具竞争力的有力武器。

3.

原创的力量,让中国制造摆脱"山寨"

"山寨"指由模仿、复制、抄袭而来的假冒产品。无论是一个人还是一个企业,要想从最初的"懵懂期"完全成长起来,学习、模仿的过程可以说是必不可少的,也就是我们现在经常听到的一个词"山寨"。站在历史的高度来看待一个国家制造业的崛起,"山寨"几乎是一个任谁也绕不过的阶段,日韩在二战之后经济快速复苏同样也是靠山寨欧美国家的产品起家,日本的山寨产品覆盖了食品、服装、小商品、玩具、动漫等行业,"日本制造"也一度是假冒伪劣的代名词。回溯到二战之前,美国的发家史同样也摆脱不掉山寨的影子,早期的美国靠向英国出口基础半工业产品和农产品为主,经济模式也非常落后,同时美国廉价的劳动力也吸引着英国等全球资本的目光,美国对英国的山寨时期也正是英国企业在美国市场疯狂逐利的时代,当然,英国人不会想到也不愿看到接下来美国的迅速崛起。

近些年中国始终背着"山寨大国"的名号。一些国家甚至不相信中国能制造出原创产品。山寨不仅损害中国的国际形象,还从根本上扼杀了中国人的创新精神,长此以往,我们不仅会失去原创力的"造血功能",还会在国际大家庭中逐渐失去话语权。在经济全球化的大背景下,"山寨"已成中国制造对抗现代商业游戏规则的"绊脚石"、成了中国制造创造力的"囚笼"。中国制造要真正有出息,必须尽快走出"山寨",挺进创新,努力打造属于自己的民族品牌。诚然,在模仿中创新是得以快速发展的捷径，我们也清楚许多无谓的创新甚至远不及模仿更富有成效，而且在国家发展的某个阶段也必然要经历一个猖獗的"山寨时代"，但要完成从发展中国家向发达国家的过渡则需要一些新的东西，比如原创。原创是对山寨最有力的否定，原创也是让世人扔掉旧眼光，重新承认一个制造业大国的途径。

在以往庞大的国际专利系列中，中国所占的比例实在是微乎其微，这说明中国在制造业技术创新方面的成就不大，制造工业依然仅仅是个典型的装配工业而已。今天的中国面临的问题实际上也是英美日韩等发达国家曾经遭遇过的问题，随着中国劳动力廉价优势的不再，许多国外企业选择将厂房撤出中国转向印度等东南亚国家，但好在过去这些年里中国通过对国外企业的"偷师"逐渐回到自主创新的正轨。笼罩在中国身上的"山寨大国"阴影之上的，还有世界对中国缺乏知识版权保护意识的指责，在跨国经济贸易中，中国也往往被视为不守规矩者。

但是今天，中国已经拥有了大量的知识产权与高端的生产技术，"中国制造"不再意味着廉价、劣质和落伍。大批的国产产品已经大幅度进入国际市场。据美国《福布斯》杂志网站5月22日报道，2011年，中国售出的智能手机中70%都来自三大外国品牌：诺基亚、三星和苹果。当时，国内的大量电子产品制造商和新兴的国产品牌都被认为是廉价的仿冒品，质量低劣，不像垄断市场的昂贵外国手机那样具有社会认同感和地位。到了2017年，中国销量前十位的智能手机有八个都是中国品牌，而华为和小米高居前列，远远超过了苹果与三星。2018年，华为与小米仍然占市场主导地位，而"OPPO"也成为中国最受欢迎的智能手机品牌。许多报道称，全球十大智能手机品牌中有7个都是中国品牌。其中华为现在不仅是中国头号手机品牌，还是欧洲第二，全球第三大品牌。

"我们是一家非常不同的中国公司：我们不惜一切代价来保证每一件小米的产品。"雷军说，"我相信小米促进和提高了中国制造的质量标准,将最终帮助中国制造摆脱低质量和山寨的形象。"过去的几年,小米的使命也逐渐升级为改变世界对中国产品的看法。小米坚称自己是一家互联网公司,而不仅仅是手机公司——尽管他们的手机销售得非常成功。小米公司的 twitter 记录了公司的成长记录:在 2011 年 8 月,小米在 3 个小时内卖了 10 万部手机;在 2012 年 4 月 24 日,小米在 15 分钟内就卖出了 15 万部手机;而在 2012 年 9 月 20 日,小米只用了 4 分钟就卖光了 30 万台手机。在 2012 年全年,小米一共卖出了 720 万部手机;2013 年,小米手机的销量卖了 1870 万部;2014 年,小米卖了 6100 万部,成为了中国销量最大的手机公司。在 2015 年,他们的销量超过了 7000 万台。

在国际大市场中,受尊敬的中国品牌开始涌现,其中一些不仅在中国和其他地方追赶上了更知名的外国对手,甚至已开始超越它们。2007 年,美国路易斯安那州的记者邦吉尼奥出版了一本名为《没有"中国制造"的一年》的书,书中描述了作者在一年的时间里进行的"抵制所有中国制造"的实验。实验结果证明了一件事情,"没有中国产品的生活一团糟"。一档日本节目也曾展开过一次中国制造大调查,同样进行了一项名为"如果把日本人家里的中国制造全拿掉会如何?"的实验。将一位住户家里所有"中国制造"的东西全部搬走,结果发现从家用电器到衣物,总共 619 件"中国制造"物品全被搬走,家中已基本空无一物。

从"华为"到"小米";从"格力"到"美的",无数具有中国民族特色文化的品牌正悄然占据世界各个领域。"中国制造"正在以他强大的崛起之势影响着世界各国。从低端向高端,从山寨到原创,从否认到离不开中国制造,这是中国工人的力量,是他们的创新和努力让世界重新认识并承认中国,他们是中国走向世界的资本。

4.

多在质量上创新胜过在形式上"玩花样"

从传统的大规模流水线的生产方式到今天任意批量订单的生产方式,企业与顾客的关系正在发生着显著的变化。在传统大规模生产方式中,顾客被认为是标准化、一致化的,企业与顾客的关系只是买卖关系,企业希望通过产品留住顾客,因此也就始终严把质量关。而到了如今,用户需求的多元化让有针对性的创新定制产品和服务逐渐成为了主流趋势。然而企业和企业员工不停地在产品形式上"玩花样"时,质量上的创新却鲜有人关注,导致产品质量停滞不前。

无论在怎样的时代背景下,产品质量永远是产品乃至整个企业的"生命",失去了质量的产品无论形式再怎么多样也不可能受到客户的青睐;失去产品质量的保障,一个企业也难以保持其旺盛生命力。任何时候,质量是人们对产品能否肯定的关键,再光鲜的产品没有质量作保证,它就是劣质品,是不会受到人们喜爱的。作为一名制造业的工人,我们唯有把质量当成产品的生命来认真对待,在质量有保障的基础上再来进行创新与改革,才是长久之计。提升产品质量本身就是一种创新。

当然,要想实现质量创新并非易事,我们不但要能深刻理解产品质量提升的重要性,还必须懂得如何在新时代背景下通过恰当创新途径让质量创新从想法变成现实。

(1) 时刻记住,质量创新是企业核心竞争力的体现

陈伟著的《创新管理》中将核心竞争力定义为:组织的集体学习能力

和集体知识,尤其是如何协调各种生产技能及如何将多种技术、市场趋势和开发活动相结合的知识。因为现代质量创新的起点已很高,顾客的要求又越来越苛刻,涉及的面也越来越广,所以能否成功主要看企业的核心竞争力能否满足这些要求。

(2) 转变创新思路,从产品创新到产品方案创新

产品创新是说服顾客相信他们需要的是预先设计好的产品或服务,而产品方案创新是给顾客拿出一个产品和服务组合方案,由顾客与企业一齐来对组合方案进行讨论,最后出现一个双方确认的满意方案。顾客满意是一次性的销售关系以及不连续的产品换代,企业认为每个顾客购买产品的目的都是相同的,对于顾客增加价值来说相当有限。产品方案创新是让顾客自己在调整它以适合解决自己的问题,使方案的发展与顾客所遇到问题的发展能同步,这样才能定义出对于顾客来说具有最优价值的产品、服务与信息。所以顾客成功的合作是依赖顾客与企业间的知识交流,应用知识、信息、能力和先进技术进行方案创新,帮助顾客实现自己的目标。

(3) 质量创新必须有合作系统支持

进入知识经济时代,质量创新已经进入了更高的层次,因此一个企业所具有的各方面能力很难满足创新中所遇到的所有问题,所以合作系统的支持是创新成功至关重要的条件。灵捷竞争时代已经从企业与企业之间的竞争转入以合作求竞争,比如,20 世纪 70 年代,通用、福特和克莱斯勒是美国最势力均当的竞争对手,历史上都是采取封闭式的竞争,但今天为满足顾客的要求,三家公司对从结构塑料到电池再到电子汽车控制系统所有的技术、材料和部件都进行联合开发。对于知识含量越高的产品,合作就越需要,多家的合作就形成了一个系统。这样的系统可以包括供应商、分销商等,合作形式可以是虚拟企业、网络组织等。

为了发展海尔整体卫浴设施的生产,1997 年 8 月,33 岁的魏

小娥被派往日本，学习掌握世界最先进的整体卫浴生产技术。在学习期间，魏小娥注意到，日本人试模期废品率一般都在30%~60%，设备调试正常后，合格率为98%，废品率为2%。

"为什么不把合格率提高到100%？"魏小娥问日本的技术人员。"100%？你觉得可能吗？"日本技术员反问。从对话中，魏小娥意识到，不是日本人能力不行，而是思想上的桎梏使他们停滞于2%。

魏小娥却认为，100%可以达到。她拼命地利用每一分每一秒学习、思考，3周后，带着先进的技术和赶超日本人的信念回到了海尔。

半年之后，日本模具专家宫川先生来华访问见到了"徒弟"魏小娥，她此时已是卫浴分厂的厂长。面对着一尘不染的生产现场、操作熟练的员工和100%合格的产品，他惊呆了，反过来向徒弟请教。"你们是怎么做到现场清洁的？100%的合格率是我们连想都不敢想的，对我们来说，2%的废品率、5%的不良品率天经地义，你们又是怎样提高产品合格率的呢？"

"只要想达到100%，就能做到100%"，魏小娥简单的回答又让宫川先生大吃一惊。魏小娥从来没有认为2%的废品率是天经地义，从来不认为100%的目标是达不到的。反之，她认为一定可以达到。于是，她查找一切可能导致废品率的原因，并一个一个地解决掉。她发现，有的产品成型后有不易察觉的黑点，就马上召集员工商量对策。有的员工说："这个黑点不仔细看根本看不见，再说，经过修补后完全可以修掉……"

魏小娥说："这些有黑点的产品万一流向市场，就会影响海尔的美誉度，用户都能拿着放大镜、听诊器去买冰箱，也会拿着这些东西来买卫浴设施。所以，既是'白璧'就不能有'微瑕'，产生这个小黑点的原因就是我们的现场还不能做到一尘不染。"

看过魏小娥带回的日本生产卫浴产品现场照片的职工说："日本人的现场都那么脏，我们比他们强多了。再说，压出板材后，难免会有清理下来的毛边落下来……"

魏小娥听后深感不以为然："脏乱绝不是标准，一尘不染是海尔的标准！日本人做不到的，海尔何尝一定做不到？"但清理毛边的确要出现飞扬的尘土，怎么解决？魏小娥用上了心，吃饭走路都想着这个事。

一天，下班回家已经很晚了，吃着饭的魏小娥仍然在想着怎样解决"毛边"的问题。突然，她眼睛一亮：女儿正在用卷笔刀削铅笔，铅笔的粉末都落在一个小盒内，魏小娥豁然开朗，顾不上吃饭，在灯下画起了图纸。第二天，一个专门收集毛边的"废料盒"诞生了，压出板材后清理下来的毛边直接落人盒内，避免了落在工作现场或原料上，也就有效地解决了板材的黑点问题。

但魏小娥紧绷的质量之弦并未因此而放松。试模前的一天，魏小娥在原料中发现了一根头发。这无疑是操作工在工作时无意间落下的。一根头发丝就是废品的定时炸弹，万一混进原料中就会出现废品。魏小娥马上给操作工统一制作了白衣、白帽，并要求大家统一剪短发。又一个可能出现2%废品率的原因被消灭在萌芽之中，就这样，100%的合格率终于达到了。

素来以产品质量过硬的日本人对产品质量达到100%都持怀疑态度，但魏小娥不，海尔也不。即使是一根头发丝的失误也不允许存在！这就是海尔精神！就是让质量承认一切的力量。正是因为有了千千万万个像魏小娥这样为"中国制造"严格把关，宁愿在质量创新上找千万条路子，也不愿在形式上"玩花样"的制造者，我们才有今天的成就，我们才敢在转型的非常时期大胆向制造强国迈进。事实证明，过去的发展模式已经难以为继，必须要形成制造业新的核心竞争力。这就需要我们每个身处一线生产岗位的员工都能够将提高产品质量作为核心创新目标，通过质量意识和岗位技艺的提升与创新，带动质量工作方式的转型，助推企业质量能力和质量供给水平的提升。

5.

提高创新洞察力，提升创新智商

洞察力，是每个人都有的认知能力。洞察力，是我们平时所说的创新能力、创意能力、创造能力、想象能力、策略能力的心理基础。创新必须要有市场洞察能力，才能掌握市场动向，了解客户需求，对产品及时作出调整与更新。市场洞察力就是对客户全新的了解，对特定市场环境所表现出的文化的理解力，在瞬息万变的市场中去捕捉所需信息，从一些端倪中及时发现消费者需求变化、经销商的异常举动、终端的陈列动向、竞争对手的市场动作等，并及时做出正确判断，随时做出反应。

洞察力就是透过现象看本质。弗洛伊德说："洞察力就是变无意识为有意识"。市场洞察力是企业在客户数据管理、客户分析、客户洞察应用三个部分相互驱动的过程中逐步积累并不断优化的客户认知、分析和应用能力。

市场洞察在创新中的影响力无与伦比，仅仅一个洞察客户想法的结果就可以彻底改变整个创新思路。当初星巴克成立的前提是咖啡不只是个产品，而是一种体验——在家和工作地点之外的"第三场所"尽情享受的体验。索尼通过重新定义个人与私人空间的关系，用随身听开创了个人音乐播放器业务。苹果公司则充分利用人们希望所有音乐随身而动而又不张扬的想法,在数码音乐领域掀起了一场革命。这些都是利用敏锐的市场洞察力而得到的结果。机会对于大家来说都是平等的,关键就在于如何去发现、如何去挖掘又如何去把握。成功的创新者往往善于发现机会,并在机会来临时会毫不犹豫地去把握。只有具备了敏锐的洞察能力,才能做到知己知彼,才能了解把握客户的需求,才能了解市场的需求点。也只有具备了这些本领,才能让创新满足客户需求,才能找到创新的市场,才能实现成功创新。这种了解能力会成为打造创新产品竞争优势的基础。因此,在这个变化无处不在的时代,提高洞察力,提升创新智商,是我们找寻创新点的核心。在一定程度上,市场洞察能力将决定创新的成功率。

虽然市场洞察极具价值,但是它却芳踪难觅。大部分创新者在错误的地方用了错误的工具,更使洞察市场需求难上加难。传统的市场调查方法鲜有突破。要真正了解市场需求,就必须改变思维模式,用不同的眼光在不同以往的地方观察。但是,首先要做的是了解市场洞察的本质。

真正的市场洞察具备以下4个特征:

(1) 它代表模糊的发现。

有时候智慧被看作是"对显而易见之事的明察秋毫"。事后分析客户的想法,使洞察看上去异乎寻常地合乎逻辑。但是客户的想法在被察觉以前,其实没有那么显而易见。有时候,我们在发现客户想法之后很长一段时间内还不能看清它们的真相。人们批评苹果公司说他们的 iPad 在竞争激烈的 MP3 市场上定价过高。西南航空公司和沃尔玛蔑视传统逻辑,拒绝在客流量最高的航空港和社区开展业务。在寻找客户想法的时候,不要以为显而易见的就是真的,抑或真的都是不言而喻、明明白白的。

(2) 它提供独特而新鲜的视角。

要想有丰富的谈话内容,就要听取不同的声音。用不同的参照物来细致地观察问题,往往就能发现客户的想法。这也是为什么杜邦公司在开发新的市场机会时会邀请3种不同的局外人参与:学术界专家(开发新的产品),顾问(提供最佳做法),行业专家(介绍业内状况)。墨西哥制造商认为，创新是一项集体行动，具备各种技能、持有不同观点、拥有不同人生经历的人都要参与其中。这家公司设立了一个创新董事会，由来自公司不同部门的人和几个局外人组成。

(3) 它根植于不同寻常的事物中，要仔细观察才能揭示其真面目。

揭示洞察的时候要记住这句话"多问问为什么"。通常从不同寻常的事物入手揭示洞察非常重要，因为它们会迫使你挑战甚至颠覆市场上的正统观念。苹果公司推出 iMac 时问道："为什么所有的个人电脑都是米色的？" Enterprise Rent–A–Car 租车公司提出的问题是：既然大部分人住得离机场很远，而且乘机旅行时不会租车，那么为什么非得在机场出租汽车呢？各家公司纷纷以他人为榜样照搬他人的战略，结果往往是千篇一律。业内人士认为这种强化行业传统的战略趋同现象很正常。而局外人却发现，这种趋势与行业应有的或是可能的发展方向相左，他们反而从中看到了机遇。

(4) 它来自直接观察。

用焦点小组访谈或是客户调查等传统的技术手段很难获得客户洞察。只有当客户清楚自己的需求到底是什么的时候，这些传统方法才奏效。但是客户对自己的需求往往说不清道不明。为了了解客户内心潜藏的需求，不能听其言，而要观其行。Intuit 公司派出了 6 支跨功能部门小组去实地观察工作中的会计师们。这些小组发现，会计师们为客户制作季度报表的时候，要煞费苦心地把来源不同的信息综合在一起。Intuit 利用这个观察结果开发了财务报表快账软件，会计师利用这个工具无需再输出、输入或重排数据就能编制出专业的财务报表。

除了传统的竞争分析、市场研究和客户调查外，企业必须能够获得和掌握大量的客户和市场信息。要做到这一点，在数据获得、质量管理、分析技巧和数据转换方面就要有一种有条理的方法，同时也要有一种能将洞察力运用到战略规划、战术性项目发展和互动管理上的能力。市场需求就像一道明亮耀眼的流星，罕见珍贵。如果不能制造流星，那就多出现在流星可能出现的地方。为了提高发现市场需求的概率，必须利用正确的工具、在正确的地方和正确的人交谈。

我们该如何获取市场洞察能力，提升创新智商？

(1) 重新考虑市场调查的使命

市场调查的价值不是由调研数量决定的，而是取决于其产生的客户和市场洞察的商业价值以及受它影响做出的商业决定。市场调查更确切的名称应当是"市场洞察"，这样才能体现这个创新工作环节的真正使命。联合利华的市场调查部门叫作"客户与市场洞察部"，该部负责人康尼·罗新斯基说这个名称说明他的部门的任务是"为了公司预见到客户的愿望"。美国礼来公司全球市场调查部主任比尔·劳森认为，他的部门"提供推动公司决策的市场洞察"，而不是证实公司的猜测或已知的情况。

(2) 增加市场调查工具

要深入了解市场，就要对工具精挑细选。大部分市场调查组织依赖有限的传统调查技术，比如访谈、客户调查和市场测试等等。市场调查为了更好地了解尚未形成的需求，就要像 Intuit 公司那样，拓展他们的工具，借用文化人类学、人志学、人类因素研究和心理学等学科的调查工具。这些学科主要依赖直接观察、情境调查和解释来获得对调查对象的深入了解。IDEO 设计公司利用"52 张牌法"，提醒自己要通过不同的方式看待问题并求得答案。

(3) 了解"非客户"

大部分创新者在市场洞察环节所做的努力都是针对现有客户和市场的了解。为了提高获得突破性洞察的机会，必须要把目光放长远，不仅要看到那些还没有和我们的创新产品建立联系的客户，更要看到那些和创新产品毫不相干的群体。《创新者的解决方案》一书的作者克莱顿·克里斯滕森在书中指出，破坏性创新常常是在"异类范畴消费"展开竞争。西南航空公司并不和其他同行一争高下，而是与铁路运输和汽车制造商抢夺市场，他们说服火车和汽车乘客相信乘坐他们的航班价格一样很便宜。

(4)参与对话。

市场洞察常常在各种各样社会场合的对话中冒出来,比如网络聊天、博客、小组讨论、虚拟社区和各种宣传场合。要花时间访问这些"虚拟大水库",倾听客户对创新产品的看法。创新者可以亲自操刀上阵,建立一个给我们创新产品提出建议的交流平台。Hallmark 公司就有一个拥有1,000个成员的 Hallmark 点子社区,利用它发掘各种想法和对个人看法的反馈意见。我们也可以利用第三方商务平台,比如马自达公司利用品牌脉搏这个网络市场情报工具,来监视所有与马自达 RX-7 相关的会话,借此了解客户对新款跑车 RX-8 的期望。

在当今这个竞争异常激烈的时代,比拼竞争优势本质上是比拼对市场需求的洞察力。要取胜,就必须了解洞察的本质,重新构想市场调查的作用,开阔眼界,增加调查工具,拓展自己超越常规的市场需求洞察力。虽然不能保证幸运之果一定会掉到自己的头上,但是我们完全可以站在长满熟苹果的树下,增加自己被幸运果砸中的机会。在商业社会要想实现真正的创新,必须要有极强的发现新兴事物、发现现有事物发展方向的个人能力,否则只能跟在别人之后,很难有大的发展。

洞察力,是每个人都有的认知能力。洞察力不是天生就有的,而是需要自身刻意培养的。洞察力即指深入事物、问题的能力。其实洞察力更多的掺杂了分析和判断的能力,也就是为什么我们说洞察力是一种综合能力的原因。要深入事物或问题,首先要积累很多必要的知识,从更深层去考虑事物的本质,而不是只看表面,只看当前。同时遇到问题一定要集中注意力,去反复认真思考,从而进行正确的分析和判断,集中注意力去思考问题、处理事物也是很重要、很关键的环节。实际经验也可以成为洞察力的一部分,当你接触的事物多了,处理过的问题多了,一旦再次遇到类似的事物,便能瞬间明白其中的道理,看穿事物的"真相"。

多观察,多收集资料。俄国教育家冈察洛夫说:"观察和经验和谐地应用到生活上就是智慧。"观察力与注意力互为因果相辅相成。所以观察力的练习有助于注意力的集中。可以变换观察的位置和视野，从不同角度观察。所谓"心明眼亮"，这样不仅可以有效锻炼视觉的灵敏度，锻炼视觉和大脑在瞬间强烈的注意力，有助于改善观察力、注意力。而且可以使你从内到外更加聪慧。从而提高记忆力和创造力。不经过分析、整理的资料是没有用的，对资料要去伪存真、由此及彼、由表及里，经过系统分析，使之成为有价值的资料信息。当你对一件事物很熟悉时你就会比较容易知道问题出在哪，这就是我们平时说的直觉，因为你潜意识其实一直在思考这个问题。

科学思考。从资料到洞察的过程，不仅牵涉到很广的知识领域，而且要经过科学的系统的思考，而后有了对事物客观的看法和准确的预测，也就有了洞察力。在思考的过程中，要做到纵观全局，协调一致，深谋远虑，同时还要做好最坏的心理准备。

注意细节变化。一些优秀创新者，往往是在一些事物上面，洞察到别人未曾留意的细节，并由此大胆地推断创新。很多事件在变故没有发生前都是有预兆的，只是少有人去留意而已。就像一家企业走入了死胡同才发现此路已经不通了一样，我们要有先知先觉的能力，要将一切变化掌握其中，就一定要有洞察力。

注意事态的发展变化。关注事态的发展与变化，要知道任何事物都是持续发展的，随时关注事态发展，也是提高洞察力的好方法。

创新靠洞察力，创新也靠智商，创新还靠对工作的热情与努力。只要我们具备了一个合格工人的认真工作态度，再加上强于他人的优秀洞察力与智慧，创新就一定能成为工作中最大的亮点。培养自己发现创新契机的"慧眼"，实际上就是在提升自己的创新"智商"，让创新对于我们每个一线员工来说都变得易如反掌。

6.

培养创新思维，让"制造"向"智造"转型

创新思维是指以新颖独创的方法解决问题的思维过程，通过这种思维能突破常规思维的界限，以超常规甚至反常规的方法、视角去思考问题，提出与众不同的解决方案，从而产生新颖的、独到的、有社会意义的思维成果。创新思维就是敢走前人没走过的路，敢做前人没做过的事。创新思维的本质在出新，是打破常规的求新、求异思维，其本质在于采用新思路、新方法创造新成果。思维成果的独创性是创新思维独特性的重要表现。创新思维的最大特点是突破传统思维定势，突破旧观念束缚，实现思维方式的变革和思想观念的更新。

创新是一个民族进步的灵魂，是一个国家兴旺发达的不竭动力。历史经验证明，大到一个国家、一个民族，小到一个企业、一个团队，只有勇于改革、勇于创新、不畏艰险、攻坚克难，才能兴旺发达、战无不胜，才能不断从胜利走向新的胜利。团队的管理者要做到把创新精神融入本职工作中，在继承发扬好的传统和经验基础上，勇于正视工作中存在的问题，勇于克服工作中遇到的困难，勇于改掉那些不合时宜、不适应新形势的老做法、老套路，积极探索新的工作思路、创新工作方式、创造新的工作经验和工作特色，不断开创本职工作的新局面。

时代瞬息万变，要想取得进步，必须推陈出新。推陈出新离不开创新思维，离不开创新的工作方法。很多人明明工作很努力，也能按时完成上级交待的工作任务，但就是得不到老板的赏识，心中很是不服。实际上，

被旧的工作观念与习惯束缚了手脚的人是不会被老板重用的,他们看好的是有创新思维,敢于尝试新事物的新时代人才。

重庆和喜锦鸿医药包装有限公司以"高起点、高投入、高质量"为经营方针,通过团队不断研发创新,已拥有16项专利,通过不断投入与创新,从制造转向"智造",走到医药包装行业前列。目前,公司采用国内先进的注塑及注吹机组,专业生产各类塑料包装医药器械精密注塑产品,不仅与国内各大制药、食品生产等企业形成长期合作,还打开了国际市场,远销欧美、东南亚等地区。

多方考察　最终落户潼南

"我从事了15年销售,积累了不少的人脉,2007年我和同学一起筹资两百万准备自己干一番事业,于是我们在北碚注册了重庆和喜塑胶有限公司,也就是和喜锦鸿的前身。"重庆和喜锦鸿医药包装有限公司负责人余继伦说,"刚开始以为200万元启动资金绰绰有余,谁知道其实200万元只是杯水车薪。厂房修到一半不能生产,也不可能转手,只有硬着头皮干。卖房产、到处借钱、银行贷款等能用的方法我都用上了,终于一点点地把厂房修好,设备安装到位,前前后后花了3200万元。"

当余继伦正打算大干一场时,又一噩耗传来。余继伦说:"原本打算修好厂房就开工,结果经营许可证一直没有批下来,员工已经招好了,由于没有许可证,几乎之前所有的合作伙伴都终止了合作,为了留住招纳的人才,我们照常每月发工资。公司还没有经营,就一直处于亏损状态。"

时间转瞬即逝,一晃就是两年。终于,公司的经营许可证在2009年批了下来,余继伦立即联系以前的合作伙伴。通话中,有的只是聊聊家常,丝毫不提工作的事,有的直接挂断。虽然吃了闭门羹，但是为了公司他依然没有放弃。

"搞销售的时候我经常跑云南白药，和那边也比较熟。我三天两头就往云南跑，再三保证、软磨硬泡，终于拿到了第一笔来自云南白药的800万元订单。"佘继伦眼角泛着泪花说道："拿到订单我马上组织人员开工，700多天的等候终于听到了自己厂房机器发动的声音，我兴奋的一晚上没合眼，守在厂房看着一个个产品从生产机器滑下来。"保质保量完成第一单之后，公司的订单变得多了起来，公司的规模也在不断扩大，以前的厂区已经不能满足公司的生产和发展需求。余继伦决定将公司进行迁移。在对广安、铜梁、潼南、綦江、隆昌等地进行考察后，他最终选择了潼南。他说："因为地理环境和优惠政策，比较适合我们这个行业和产业的发展，这是我们选择潼南的重要原因。"

2013年，和喜锦鸿正式落户潼南工业园。到潼南后，公司更名为重庆和喜锦鸿医药包装有限公司。在经历了一年时间的修建后，公司投入生产。如今，公司已完成蜕变，拥有固定资产超过5000万元，建筑面积近20000平方米，D级净化车间面积达1500平方米，厂房布局严格按照GMP配套标准规范设计，拥有员工60余名，人均年产值近80万元。

16项专利　品质决定未来

"我们公司主要生产10－500mlPE、PP、PET医药、食品用塑料包装瓶和医药器械精密注塑品。"记者在和喜锦鸿繁忙的车间看到，身着工作服的工人们正在各条生产线上有条不紊地进行操作。车间负责人自豪地告诉记者："我们公司产供销一体，从原材料的购买、生产再到包装，每个环节都严格把关。我们生产370多种产品，大多数都是省内甚至国内先进工艺。"说到这里，他随手拿起正在从机器里出来的产品说道。"我们这个产品是给重庆中元生物生产的一个专利产品，这个产品名叫鸳鸯扣，他解决了客户在生产过程中的错扣和乱扣，我们的这一技术给他们在生产中带来很多便利，节约很多生产时间。像这种我们自己的专利还有15项。"

为了保证产品的质量，和喜锦鸿坚持每天上班时开早会，强调生产安全和产品品质。每天下班开晚会，总结一天的生产情况，并鼓励员工对产品生产环节和质量问题提出意见。"我们开早会和晚会，是为了培养员工的责任意识和加强我们的产品质量建设，因为工人才是产品的第一接触人，他们最清楚产品的质量。有什么问题当天提出当天解决，不仅能把损失降到最低，也能保证我们的产品核心品质。"余继伦坦言，和喜锦鸿之所以能够从一个快破产的公司做到现在的成绩，不仅仅是管理到位这么简单，更重要的是拥有自主知识产权和过硬的核心品质，只有做到丢利润也不丢品质的决心，企业才能走得更远。

转型升级　创新推动发展

和喜锦鸿除了加强自主研发和保障核心品质外，还积极用创新技术调整产业布局。"刚从北碚搬来时，我也很忐忑，因为之前没来过潼南，对潼南的生活生产节奏一无所知，经过三年多的时间，我觉得我的担心完全是多余的。目前我们发展得很好，但是我们也要看到行业以后的发展态势。必须通过转型升级，用科技创新来寻找新的增长点。"

伴随着"互联网+"这场浪潮，传统包装企业必须要有互联网思维意识，打破传统的边际界定，摒弃旧意识、旧产品、旧工艺，主动拥抱新市场、新材料、新技术，努力与客户沟通，研发出更多的新产品，满足差异化需求。目前公司正在筹资，建立研究小组，让简单的生产包装产品展现出产品的附加值，特别是重点项目PET材料的创新。据余继伦据介绍，PET中文名叫聚对苯二甲酸乙二醇酯,属结晶型饱和聚酯,为乳白色或浅黄色、高度结晶的聚合物,是生活中常见的一种树脂,在较宽的温度范围内具有优良的物理机械性能,长期使用温度可达120℃,电绝缘性优良,甚至在高温高频下,其电性能仍较好,但耐电晕性较差,抗蠕变性、耐疲劳性、耐摩擦性、尺寸稳定性都很好。

"我们不仅要将传统的生产包装产业继续做下去,也要创新和产业升级。现在我们也在计划跨行业生产新能源电视配套设备,新能源电视作为取代传统电视的后起之秀,在我国的生产还没有普及,我们算是走在前列的,预计安装六条生产线,第一年产值就能达到三四千万元。"余继伦表示,2018年和喜锦鸿的总产值目标是6000万元以上,人均年产值达到100万元。下一步,和喜锦鸿将继续走转型创新之路,保证产品质量,进一步扩大市场占有率,扩充科研团队,争取早日走到行业前列。

有了创新思维,加上不懈的努力,世上就没有那么多难题了。培养创新思维首先要有创新意识。创新意识是指创新的愿望、动机和意图,它是创新思维的出发点,是创新思维的前提。没有创新意识,创新思维就不可能产生。安于现状,不思进取的人是不会有创新思维的,必须具有主动进取精神,强化创造意识。创新思维具有以下特点:

(1) 独创性。

独创性就是前人所没有提出过的观点或者某种方法。指思维不受旧习惯和旧经验的逻辑限制,超出常规,对一些曾经认为科学的定义、定理、公式、法则、策略等提出自己的观点、想法,有的甚至是对科学的怀疑。

(2) 求异性。

思维与往常一些常见的概念大不相同。有"异想天开"的成分,但又不排除出奇制胜的可能。对一些知识领域中长期以来形成的思想、方法,提出不一样的见解。

（3）联想性。

联想是将表面看来互不相干的事物联系起来，从而达到创新的界域。联想性思维可以利用已有的经验举一反三达到创新，也可以利用别人的发明或创造进行创新。联想是创新者在创新思考时经常使用的方法，也比较容易见到成效。世间万物都有着错综复杂的联系，这是人们能够采用联想的客观基础，联想的最主要方法是积极寻找事物之间的一一对应关系。

（4）灵活性

思维突破"定向""系统""规范""模式"的束缚。在学习过程中，不拘泥于书本所学的、老师所教的，遇到具体问题灵活多变，活学活用活化。

（5）综合性

思维调节局部与整体、直接与间接、简易与复杂的关系，在诸多的信息中进行概括、整理，把抽象内容具体化，繁杂内容简单化，从中提炼出较系统的经验，以理解和熟练掌握所学定理、公式、法则及有关解题策略。综合性思维是把对事物各个侧面、部分和属性的认识统一为一个整体，从而把握事物的本质和规律的一种思维方法。综合性思维不是把事物各个部分、侧面和属性的认识，随意地、主观地拼凑在一起，也不是机械地相加，而是按它们内在的、必然的、本质的联系把整个事物在思维中再现出来的思维方法。

创新思维要求我们要在自己的本职工作中有扎实的专业功底，关注前沿信息，在每一项工作中都比别人多思考些内容，不要放过一点点有灵感的机会，也不要害怕推陈出新给自己带来的麻烦与不良后果，敢于承担责任，把我们脑中某一个时刻闪现的灵光用心记录下来，在工作中找到更多值得研究的亮点，利用自己已有的知识并不断学习，将亮点变为创新成果，为自己岗位添彩——哪怕你的岗位平凡而渺小，依然可以做出不一样的成绩。创新思维作为一种能力，是开拓认识新领域，解决现实新问题的一种思维定势，也是现代管理干部必备的能力。在改革大潮中，创新思维不但可以帮助我们实现中国创造，还能让我们更节约成本、时间与空间，真正将"中国制造"转型为"中国智造"。

掌握创新方法，把岗位作为创新的舞台

　　说起创新，很多人都感觉很遥远，认为那是高科技，是技术人员和尖端人才才能做的事情，对于普通人来说，是做不到的。我们先来看一下什么是创新。百度上解释：创新是指以现有的思维模式提出有别于常规或常人思路的见解为导向，利用现有的知识和物质，在特定的环境中，本着理想化需要或为满足社会需求，而改进或创造新的事物、方法、元素、路径、环境，并能获得一定有益效果的行为。从创新字面上的解释上我们并没有看出他有特定范围所指，也没有特定人物所指。可见，创新并不是我们意识中那种遥不可及的传说，也不是普通人不能实现的愿望，它就在我们身边，就在我们的岗位上，只要我们愿意，每个人都可以在自己的岗位上做出创新的成绩，每个岗位都可以是创新的舞台。我们可以仰视创新，同时还可以低头去做，在属于自己的岗位上努力探索，用最小的投入创造最大的价值，这才是创新的真正魅力。

　　创新并不是发明一项东西才叫创新。对工作方法的改进、对效益的提升、新产品的开发、服务质量的改善……所有这些都是创新。随着时代的变化，可以说每个人都可以在自己的岗位上创新，不管你是普通工人还是团队的管理者，只要你不怕困难多，肯奋斗、能吃苦、刻苦钻研、始终与

第七章 ◆ 驱动变革创新,让"中国制造"向"中国智造"完美转身

时俱进,你就可以在自己的岗位上作出不一般的创新。普通工人比管理者有更多的创新机会。因为我国的机械生产水平并没有处在高端线上,许多生产设备、机械都有待更新和改进。由于身处一线,每天都与这些机械打交道,熟悉它们的操作,也深知它们的缺点,所以更有创新的可能。不要认为自己的工作简单,不存在技术含量就没有创新的可能。创新能否成功,不在于是否简单,而在于它有没有价值,对企业、社会发展有没有帮助。

王洪军在一汽集团车间钣金整修这一岗位上已经工作了近20年。

以前,一汽使用的整修工具完全是从德国进口的,一套工具就得5万元左右,而且有些缺陷还无法修复。为了让车身修复达到理想的效果,王洪军开始想办法自己制作工具。王洪军试探制作的第一件工具是修理车身侧围和顶盖的钩子。这个钩子投入使用后,效果非常好,大家都说用起来顺手、有效。从此,王洪军对制作工具着了迷。白天在工厂修复车身,晚间就琢磨制作工具,然后再拿到现场反复调整。他制作的工具技术含量也越来越高,由Z形钩、T形钩等单件工具,到多功能拔坑器等组合工具。17年来,王洪军共制作了40余种2000多件工具,满足了多种车型各类缺陷的修复要求,使整车质量、生产效率都有了很大提高。

王洪军在发明制作工具的同时,又开始着手探索快捷有效的钣金整修方法。他把自己掌握的整修技能和研制的一些先进方法和技巧进行整理、归类,创造出了47项123种非常实用又简捷的轿车车身钣金整修方法,并整理出版了《王洪军轿车车身返修调整方法》一书。2003年4月王洪军的方法通过了一汽－大众中、德质保专家组织的评审和鉴定,被正式命名为"王洪军轿车快速

表面修复法"。专家一致认为，王洪军的快速修复法对车身表面钣金修复和调整具有重大的实用价值，居国际先进水平。

仅用了五年时间，企业用王洪军的工具和修复法所创造的直接经济价值，就高达3400多万元。

在一汽，除了钣金维修技术，王洪军的展车制作技术也让外国专家折服。展车制作对操作者来说要求非常高。2003年以前，一汽-大众的展车每年都要花费大笔资金聘请德国专家来做。为了给公司节约资金，王洪军开始利用一切机会学习、揣摩做展车的技术。外国专家一动手干，他就在边上仔细看，专家下班了，他就在废件上反复练。经过几年积累，他熟练掌握了10种展车制作方法。2003年，一汽-大众采用了王洪军做展车的方法，两周内就出色地完成了德国专家通常需要1个月才能完成的任务，结束了公司每年要花费大笔外汇聘请德国专家做展车的历史。在三年的时间中，王洪军共制作展车189台，为公司节约费用700多万元。

十几年来，王洪军带了很多徒弟。在他的精心培养训练下，一汽目前已形成了一支200多人的高技能钣金整修队伍，成为生产精品轿车的精锐部队。他的很多徒弟都成了钣金整修的专家，成为所有车型整修线上分兵把口、攻坚克难的带头人。

王洪军正是立足于自己的岗位，把自己的创新精神和创新能力发挥在工作中，为自己的企业创造了巨大价值的同时，也让自己成为了行业中的领军人物，实现了自身的职业目标和价值体现。我们每个人如果想要成为企业中的优秀员工，想要成为行业里的"排头兵"，那么就需要以本职岗位为依托，让岗位成为我们创新的舞台，在岗位上用我们的创新精神和创新能力实现一个又一个突破。

要想让我们的本职岗位成为我们创新的舞台，首先就要求我们员工要在学习中实践，在岗位实践中积极创新。我们必须做好本职工作，做到不拖企业的后腿。通过学习别人的工作方法，学习生产流程来丰富自己的岗位经验，提升自己的岗位技能。有了充足的岗位工作经验不断熟练岗位技能，我们在今后的工作中就能放开手脚去做，才有能力用自己的创造力改进工作方法，实现在岗位上的创新。

其次，我们要把自己的创新方向定位在自己最熟悉的岗位上。有些员工虽然具有创新精神和能力，然而却没有把它们发挥在岗位工作中，总是好高骛远地想要凭一己之力去改变企业的整体状况，这是不现实也是不科学的想法。我们作为企业中的普通一员，能力是十分有限的。因此，只有着眼于自己的岗位工作，把自己的创新能力与最基本的岗位工作结合，我们才有能力将创新转化为现实，真正为我们自己的工作为整个企业带来好处。

最后，我们要以实际行动将创新理念转化为创新成果。如果我们通过自己的创新精神和创新能力已经蕴生出了对于改进自己岗位工作的创新点子，那么就一定要立刻着手行动，把这些心中的想法与实际工作结合，通过实践来将想法转化成为实实在在的成果。如果我们总是让自己的创新停留在想法上，那么创新就失去了对实际工作的推动作用。只有用行动去验证我们的创新，用行动去实现我们的创新，创新精神和创新能力才能最终结出果实，让我们和企业都从中获益。

"小岗位同样有大舞台""每个岗位都可以成为创新的舞台"。这不是口号，而是事实存在。创新不在于工作的性质、职务的高低、岗位的差别，而在于对工作的热爱，在于有没有立足岗位创新的志向，能不能把你从事的工作当作事业来做，肯不肯花大力气去为它改进，为它创新。立足岗位搞创新，需要有脚踏实地、科学求实的工作作风，要看得见、找得准、够得着、抓得住、创得实。创新并不神秘，也不是高不可攀，恰恰相反，本职岗位才是创新的最好平台。本职岗位是我们熟知的岗位，在这里我们能发现工作缺陷，能找到合理更新的办法。面对改革大潮，我们要勇敢地打破旧观念，去除"创新与自己无关"的想法，为企业创新，为团队开辟更宽阔的道路而出力。

一个民族要想走在时代前列，就一刻也不能没有创新思维，一刻也不能停止创新。创新在经济、技术、社会学以及建筑学等领域的研究中举足轻重。创新其实就是在工作岗位上发现问题，并想办法解决问题的过程。有创新精神的人都是干一行爱一行、对本职工作充满热情的人。他们把小岗位当成大舞台，兢兢业业的工作，认认真真的完成任务，并把岗位责任融入到血液中，力求每天都有新进展，事事都有新突破。如何抓住机遇，尽自己微薄之力帮助企业建设创新文化，实现跨越式发展，是我们每个企业员工都应该思考的问题。只要我们每个人都能立足岗位，务实创新，按照"高境界、高标准、高起点、大作为"的要求，切实做到从思想上重视创新，从行动上落实创新，就一定能在平凡的岗位上取得不平凡的成绩。

8.

发扬创客精神，持续创新

创客，"创"指创造，"客"指从事某种活动的人。"创客"本指勇于创新，努力将自己的创意变为现实的人。在互联网快速发展的今天，创新大潮涌动，创客成为其中一支重要的新兴力量。

企业的健康可持续发展离不开全体职工在各自岗位上充分发挥主动性、创造性。在经济新常态下，大众创业、万众创新已成为我国经济提质增效新引擎。创客和他客精神也正在各个岗位上发挥着主动性、创造性，助力企业顺利实现未来发展战略目标。

自2013年以来，各种形态的"创客空间"在我国许多城市涌现，为创客们创意的释放提供了良好的平台。创客，逐渐从小众走向市场，创客文化日益繁荣。创客运动最早兴起于美国的开源硬件及互联网技术领域。便捷灵活的开源硬件设计平台降低了普通人参与设计开发的门槛，催生了以开放性为特点、用户参与的创新模式。在中国，将互联网技术与制造业、生产服务业等有机结合的"互联网+"经济形态已经成势。"创客"、"互联网+"今年首次被写入政府工作报告，引发社会关注。在"互联网+"模式下发挥创客的力量，推动创新创业的发展，既能催生新的经济增长点，也是产业转型升级的需要。

我国处于经济转型的关键时期，在互联网技术的推动下，普通人的创新潜力得到释放，个人设计、个人制造蔚然成风。和传统的企业创新不同，从想法的提出到设计，再到变成产品，创客们专注于想法的实现，满足个性化需求。互联网便利的连接性和空间的无限延展性，可以将小众的消费群体集合起来，从用户需求出发，打造个性化的定制商品。创客们在互联网上组织虚拟社区平台，交流、碰撞，以迭代创新不断优化产品，推进创客产品商业化。也有一些原本小范围流行的创客产品，经过市场检验获得认可，成为规模生产的大众商品。

要想企业能更好传播创新精神、发扬创新文化，在员工立足岗位积极参与的情况下，企业同时也应该尝试引入全新的文化理念，支持和帮助员工更好领悟创新精神，受到创新精神的感召，从而更积极地去尝试创新、实践创新。引入"创客精神"则是现代制造业企业将现代创新思维植入企业文化体系的契机。比如，"创客中国"公共服务平台，将拥有创意、设计、研发、销售等优势资源的创客集合在一起，3D打印、机器人、智能家居、智能可穿戴设备的产品不一而足，形成线上定制、线下生产、线上销售的O2O产业链。从这个意义上说，"互联网+"充分发挥了互联网在生产要素配置中的优化作用，帮助创客们获得信息、工具、资金等资源，为创客群体的生长提供了肥沃的土壤。在传统的制造业思维层面，先生产后消费的模式已经根深蒂固。而对于工业4.0时代而言，互联网技术降低了生产和消费之间的信息不对称，消费者驱动的商业模式开始形成。借助互联网平台，创客可以跨越生产与消费的信息鸿沟，直接对接客户，这是对传统生产的突破性变革。

2015年5月19日国院印发《中国制造2025》中，"智能制造"被定位为中国制造的主攻方向，明确提出要"发展基于互联网的个性化定制、众包设计、云制造等新型制造模式"。创客已展现出蓬勃的生命力，渗透到互联网、加工制造、医疗等行业。依托新技术条件下形成的制造业生态体系，创客将在未来迸发出更大的潜力，推进"制造"转向"智造"。

不过，"创客"不仅用来诠释企业前进的主力军，它亦是企业创新发展的"三步曲"，我们不妨一探究竟。

"创新理念树立，解决客观问题"是创新发展的第一步。人们不满黑暗，于是创造了电灯；人们不满长途跋涉，于是创造了交通工具……生活中的点滴都为我们证明，创新往往源自于对现实的不满。在企业生产经营中，诸多暴露出的问题往往限制着自身发展，在不断解决问题的道路上，墨守成规不是良药，唯有将对企业的热爱、对岗位的忠诚转化为勇于创新的思想，并将其不断内化为一种习惯、一种理念，企业才能不断前行。

"创新方法寻找，引进标杆做客"是创新发展的第二步。"企鹅盗窃"的故事相信已经变成中国人耳熟能详的案例，人们把"腾讯"与"山寨"紧密联系的同时，又在每天使用着所谓的"山寨产品"。我们总说自己缺乏创新能力，更无法把自己和"创客"划上等号。其实创新并不神秘，创新也不是不可为的事情。只要我们去尝试，去学习，在创新发展的道路上，把先进的方法和手段真正地"引进来"，探索其成功的秘诀，摸索其创新的途径，我们也能创新，我们也能成为创客，到那时不断创新、持续创新将是常态。

"创新本土探索，切合客观实际"是创新发展的第三步。人人皆知麦当劳，却不知其在菲律宾的发展一直遭受重创，归根到底就是输给了一片菠萝。"快乐峰"这一本土品牌正是在普通汉堡中加入了一片菠萝迎合了本土偏好，实现了"小个子"打败"大巨人"的传说。企业在创新发展的同时，更要注重时刻结合自身实际生产经营状况，实现本土化创新，常态化提炼，广泛化推广，走向属于自己的特色之路。

将"创客精神"引入到企业创新文化当中，有助于帮助生产一线员工更好地领悟现代工匠精神与创新精神的真谛，让他们更好地将创新理念进行加工，以最符合企业实际需要的形式应用于实际生产，帮助企业和他们自身迎来更好的发展契机。

无论是"中国制造""中国创造"、还是"中国智造"，都需要一支结构优化、素质过硬的产业工人队伍，需要大规模布局合理、技艺精湛的技能人才，更需要一大批精益求精、追求卓越的大国工匠。只要每一名职工将岗位当成自己的"创客"空间，充分发挥主动性、创造性，一个个有利于生产的小发明，一条条有利于提升效益的小建议，就能汇聚成推动企业转型发展的强大动能。

不断学习进取，推动中国制造走向世界最前列

　　从个人到企业，从企业到国家，要想进步，就要不断地学习。世界上没有一劳永逸的事情，也没有一成不变的工作方式与方法。世界始终在进步，要适应这种进步，我们就要不断的学习。新时代的工人既要拥有全新的理论知识，还要具有过硬的操作能力；既要懂得发明创造，还要善于学习他人。这样的工人才是新时代合格的工人，才能引领世界制造业，才能让中国的制造业走出国门，走向世界。

1.

善于学习，掌握前沿知识

如果说我们的岗位核心能力是创新工作的基础，那么它就决定了我们创新的"下限"。而想要能够持续完成更多创新工作，让创新阶段越来越高，那么就必须培养学习能力，一个人学习的能力才真正决定他能实现的创新的"上限"。善于学习，是一种虚怀若谷的包容精神。既能从历史传统汲取营养，取法古代先贤，提升自豪感和自信心，又能促进自己不断努力，取长补短，与时俱进。

能够满足我们创新需要的学习方法，被称为创新学习法。就是在学习知识的过程中，不拘泥书本，不迷信权威，不墨守成规，以已有的知识为基础，结合学习的实践和对未来的设想，独立思考，大胆探索，别出心裁，新标点、新思路、新问题、新设计、新途径、新方法的学习活动。

这种学习方法主要有以下三个特点：

好奇——创新意识的萌芽。

如果一个员工仅仅记住了岗位知识中的各种定理与公式，而不能把学到的知识用于发现新问题，不能解决实际问题，只学习岗位培训中讲的知识，只记忆书本上的知识，是远远不够的，应在岗位知识的基础上，勇于探索，善于创新。创新者要在学习过程中注意引导和培养自己的好奇心理，这是唤起创新意识的起点和基础。

兴趣——创新思维的营养

兴趣是最好的老师，兴趣是感情的体现，是我们员工学习的内在因素，事实上，只有感兴趣才能自觉地、主动地、竭尽全力去观察它、思考它、探究它，才能最大限度地发挥自己的主观能动性，容易在学习中产生新的联想，或进行知识的移植，做出新的比较，综合出新的成果。也就是说强烈的兴趣是"敢于冒险、敢于闯天下、敢于参与竞争的支撑，是创新思维的营养。

质疑——创新行为的举措

质疑——实际上是一种发现型学习的表现形式，是以智力多边互动为主的相互作用的学习活动。质疑的指导思想是："以对所学知识提出疑点进行发问为中心"，多渠道地培养自己的创新能力，发挥自己在学习过程中的主体作用，让自己积极地参与学习的过程，做学习的主人，开启自己的创新思维的闸门。

当然，我们不仅要了解这种学习方法的特点，还要通过了解具体的学习方法，来让自己更快地提升创新学习能力。

直接式学习法。就是根据创新的需要而选修知识，不搞烦琐的知识准备，与创新有用的就学，没有用的不学，直接进入创新之门。

模仿学习法。就是指按照别人提供的模式样板进行模仿性学习，从而形成一定的品质、技能和行为习惯的学习方法。换句话说就是从"学会"到"会学"。

探源索隐学习法。为了积极地掌握知识采用创新性的思维方式，对所接受的某项知识出处或来源进行认真的探索和追溯，并经过分析、比较和求证，从而掌握知识的整个体系，探源索隐学习法对于激发自己提出问题大有益处。

创新性阅读法。以发现新问题，提出新见解，从而能超越作者和读物，产生出创新思考获取新答案的阅读方法。

在掌握了创新学习的方法之后，我们还必须树立正确的学习态度和对创新学习的认知。良好的学习习惯和优秀学习能力是需要长时间培养的，而在培养的过程中态度与认知则十分关键。如何培养正确的学习态度，树立正确的创新学习认知呢?

培养兴趣。兴趣是学习欲念的导火线,学习行动的发动机,学习活动的持久性支点。只要对一切感兴趣,学习就会保持新鲜感,愈学愈嫌不足。知不足,便有益于打破清规戒律,纠正故步自封,克服骄傲自满。

"倒看自己"。据说,雅典城达尔菲阿波罗神庙门廊的一块石碑上刻着一句传世名言:"认识你自己"。这句名言的潜在含义是告诉人们:认识自己最难。历史好像为人们提供了这样一个证据:一个人对人类社会的贡献大小同这个人对自己的认识深度、准确度往往成正比。"倒看自己",是认识自己的方法之一。它要求人们更客观更准确地认识和把握真实的自我,消除浓重的感情色彩和主观偏见。正视自己的不足,发扬自己的长处,为自己拓展通往成功之路。

调整"惯性"。惯性是一种定势。从心理学角度观察,惯性是一种适应性相当强的稳定心态,并且富有强烈的感情色彩,理智有时反遭冷落。科学家贝尔纳说过:"构成我们学习的最大障碍是已知的东西,而不是未知的东西。"未来学家托夫勒则认为:"生存的头条定律是:昨天的成功比什么都危险。"人们过于青睐已知和成功的事物,"已知"重复三遍便无新鲜感,而"成功"重复三次也就会面临失败的威胁。我们如果不能自觉地提高认识调整和驾驭惯性的能力,那么,我们在事业上所能获得的成就将是有限的。日本学者加藤秀俊说得好:"只有对习惯的看法从根本上产生怀疑,才能产生一切新的发明、发现。"因此,在学习能力的培养上,要善于调整惯性。

留心无意处。马克·吐温说过:"每个人的一生中,幸运女神都来敲过门,可是许多人竟在邻室中听不见她。"无意处往往是人的幸运处,也是人的遗憾处。世上的学问不又存在于人们的留心处,更存在于没被注意的无意处。而无意处对于有心人来说,可能是发现的契机,可能是发明的向导,可能是创新的机遇,可能是攀登的新阶梯。

注视科学的"无人区"。科学的无人区,是一片未开垦的处女地,是科学前辈们尚未涉足而又充满风险和成功机遇的新天地。谁先拥有向科学无人区进军的知识、技能和毅力，谁就有最先获得成功的可能性。注视科学的无人区，是有志于提高学习能力的重要着眼点。

学会利用错误。世界上从来没有不犯错误的人，将来也不会有。没有错误，也就没有成功。成功是错误之树结出的甜果。人在错误面前并不是无能为力、无所作为的。学会利用错误，吃一堑，长一智，是不犯或少犯错误的最好途径。从别人的错误中学会不犯错误，是最高超的学习。别人的错误既是警戒，又是走向成功的指路明灯。

要能够容纳"反对派"。从"反对派"的反对中，人们最容易发现自己的不足和失误，也最容易验证自己的成功。

在培养创新学习能力的过程中，我们还应该主动去寻求"碰撞"。信息交流对学习具有极为重要的作用。而交流正是"碰撞"之母。寻求"碰撞"的要义在于调动人们自身潜在的学习能力，发展其创造性学习能力。只要你是一个有心人，无论什么形式的交流，都会因对方的思想、语言、信息、知识等"他山之石"的碰撞、敲击、交流，而激起你的思想火花，使灵感突现。

在如今这个信息时代里，在学习的过程中，我们还应该建立"外脑"。现代人正处于信息的汪洋大海之中。据测算，进入20世纪以来，人类的知识每10年增加1倍；后来为每5年增加1倍，到目前约为每三年增加1倍。如此丰富的信息和新知识，仅依靠自己的大脑储存记忆是不可能也无必要的。精明的学习者都懂得借用"外脑"来储存自己所需的各种知识，要建立自己的"外脑信息库"。这个"外脑信息库"既包括各种现成的书刊资料，也包括他人的经验教训和集体的智慧。

一名合格的创新者，一个能够不断通过创新工作实现进步的优秀员工，掌握创新学习能力永远是重中之重。只有能够始终坚持与时俱进的创新者，才能始终跟上时代的步伐，一直走在时代的前列。

2.

对标世界先进制造技术，虚心学习

先进制造业是相对于传统制造业而言，指制造业不断吸收电子信息、计算机、机械、材料以及现代管理技术等方面的高新技术成果，并将这些先进制造技术综合应用于制造业产品的研发设计、生产制造、在线检测、营销服务和管理的全过程，实现优质、高效、低耗、清洁、灵活生产，即实现信息化、自动化、智能化、柔性化、生态化生产，取得很好经济收益和市场效果的制造业总称。我国目前制造业不强大的原因在于资源环境的制约异常突出，产业发展乏力，产业技术创新能力薄弱。所以产业结构调整，发展方式转变是目前制造业的重中之重，虽然艰难但又势在必行。

世界各国都在加快推进制造业战略，建设新型的创新载体。中国制造正处于由大到强的重要关口，离制造强国还有一定的距离。一方面自主创新能力不强，关键核心技术缺失，受制于人；另一方面创新载体分散重复，许多研究中心在研发内容上有所重叠，缺乏统筹；科研成果转化不畅，也是重要原因之一。许多国内大中型工业企业研发经费占比不足1%，而美国、日本、德国等发达国家则普遍在2%以上。加快建设制造业创新中心、推进创新体系建设迫在眉睫。而解决这一系列问题的根本还是在于人。人是主体，不论是研发还是迭代创新，都需要人来做。也就是说这些力量都来自于工人，只有工人努力学习，学习世界先进的技术，弥补自身知识的不足，才能更进一步做好创新工作。从这个角度来说，产业升级其实也就是人的升级。

大国工人：
中国制造崛起的资本

从一名普通飞行员到中国首位航天员，杨利伟跨越了常人难以想象的困难。

首先是知识关。杨利伟至今仍记得所在飞行部队师长为他送行时说的话，"利伟，到那儿好好干。别的我都不担心，你飞了10年，操作没问题，你遇到的最大挑战可能是基础理论和专业知识的学习。"果然如此，杨利伟后来回忆说："我当时对师长这句话的认识还不深，因为根据这么多年的飞行经历，我以为只是训练会比飞行员更多一些。到了航天员训练中心后才发现，在基础理论上需要下很大的工夫。"要学的课程涉及三十多个学科、十几个门类，比在飞行学院学习要难上几倍、几十倍。"好多知识是以前从来没有接触过的，掌握这些知识对我来说非常困难。"杨利伟说。而一个对比的现象是：有些战友在这方面明显要高于他。那怎么办呢？他的方法很简单：废寝忘食，比别人付出更多的时间去钻研。刚刚成为宇航员的前两年，他晚上12点前没睡过觉。针对自己英语基础比较薄弱，为攻克英语关，他经常从航天员公寓往家里打电话，让妻子在电话中当英语陪练。这样一来，英语考试时，他居然得了100分。而基础理论学习结束时，杨利伟的成绩是全优。

他爱动脑筋，琢磨规律和方法，使一些极具挑战的严格训练逐渐变得轻松起来。如在飞船模拟器的训练中，为了取得最理想的学习成绩，杨利伟把能找到的舱内设备图和电门图都找来，贴在宿舍墙上，随时默记。他运用小型摄像机把座舱内部的设备和结构拍下来，输入电脑，刻制了一个光盘，业余时间有空就放来看。这一来，他一闭上眼睛，座舱里所有仪表、电门的位置都清清楚楚地印在脑中；随便说出舱里的一个设备名称，他马上可以想到它的颜色、位置、作用；操作手册他都能背诵下来，如果遇到特殊情况，他不看手册也完全能处理好。这是一般人难以达到的标准，一般人难以达到的效果！类似这样那样的困难还有很多很多，但杨利伟就是凭着这种敢于挑战困难、不断钻研的精神，在一批优秀的宇航员中脱颖而出，成为中国第一位宇航员！

从不懂到懂，从不会到会，从一无所知到全面熟悉，每个人都不是天才，但每个人都可能成为天才。世界上许多先进的技术都不是靠天才发明的，而是靠工人在实际工作和实践中得来的。从个人到国家，学习永远是进步的主题，没有学习就会落后，没有学习，就不能清楚看到不足。未来的竞争，看似是各种行业的竞争，但归到底就是学习的竞争。只有不断学习，才能在竞争激烈的社会中立于不败之地，才能更好地完成本职工作，为企业的发展贡献更大的力量！不管你的学历高低，不管你的操作水平如何，要想不断创新，要想跟上时代的脚步，向世界上那些制造业先进的国家看齐，我们就要不断的学习。

 3.

盯紧前沿知识，突破技术瓶颈

阿里巴巴创始人马云在乌镇互联网大会上的发言时称：这是一个摧毁你，却与你无关的时代；这是一个跨界打劫你，你却无力反击的时代；这是一个你醒来太慢，干脆就不用醒来的时代；这是一个不是对手比你强，而是你根本连对手是谁都不知道的时代。在这个大跨界的时代，告诫你唯有不断学习，才能立于不败之地！任何时代，任何进步，都离不开知识，都与知识密不可分。创新作为最具时代色彩的竞争大舞台,更是离不开知识,离不开学习。每个行业都会遇到技术瓶颈,都会给发展带来阻碍,要突破这些瓶颈,唯一的办法就是学习前沿知识,借鉴前人方法,借助现有知识,改进和突破。创新作为最具革命性的资本,给人们带来无尽的财富,是人生走向成功的导师。天上从来不掉馅饼,好事从来都不主动敲门,梦想从来都是那些努力人的目标和奋斗的理由。一些人大喊创新的口号,却不知从哪儿做起,明明有创新的欲望,却又不愿为了目标而努力。创新是需要行动的,创新还需要最前卫最专业的知识。光说不做只能是抱着梦想过日子,只有撸起袖子加油干才能梦想成真。获取知识的途径除了学习还是学习,只有掌握足够的知识才能撑起创新的大任。

张勤友,男,34岁,技校学历,作业技师,现任井下作业处厄瓜多尔项目机械师。作为一名技校毕业生,他不怕起点低,不怕困难多,勤奋学习,刻苦钻研,独自开发的《作业工技能鉴定练习系统》,成功填补了油田井下作业系统网络培训的空白。他用行动证明了一个朴素的道理:只要有理想,肯钻研,一线工人也能有大作为。

最初与电脑结缘是在1998年夏天,同事带着他去网吧上网,看着同事手指在键盘上啪啪几下,电脑里就出现了整齐划一的文字。从那一刻起,他就被神奇的电脑深深吸引。兴趣是学习的动力,他在电脑知识的海洋中尽情遨游,VB、VC、Access、JSP、ASP……是他业余生活的全部内容。1999年3月,他自费参加网络操作员专业培训班函授学习,同年6月获得江苏省计算机应用能力考核初级证书;2005月他又通过了国家计算机职业资格四级考试,获得信息高新技术办公软件应用模块操作员资格。

在如饥似渴学习电脑知识的同时,张勤友发现身边部分同事业余时间沉迷电脑游戏。"如何让大家利用电脑来学习呢?"这个问题始终萦绕在他的心头。"勤友，你电脑使得那么好，能不能开发一套作业工学习软件，让大家寓学于乐？"队长张文平的话点醒了他。工作之余，他钻书店、蹲图书馆，查找相关资料，采用VB6.0作为开发工具，Access2000作为数据库管理系统，经过两个多月的精心编程和细心调试，一套《作业工技能鉴定练习系统》软件新鲜出炉。推广后，因操作简便、功能实用深受职工好评。为表彰他的突出贡献，井下作业处党委书记曹祥生专程为他举行了赠书仪式，向他赠送了2000元书籍和一台扫描仪，并鼓励他继续开发完善软件，使之成为油田井下作业系统网络技能培训的重要工具。如今，《作业工技能鉴定练习系统》软件已更新至第三版，内容涵盖《井下作业常用工具》、《江苏油田井控管理规定》等行业标准与规范。

没有豪言壮语，没有名与利的羁绊，我们有理由相信：一个勤于学习、勇于创新、甘于奉献的一线作业工人，只要有理想、有追求，同样可以创造出大的作为，在平凡的岗位上创造出不平凡的业绩。

创新源于生活而又高于生活，我们生活在现代社会，各种创新层出不穷，所以我们必须不断地学习各方面的知识来提升自己，了解各方面的信息来丰富自己的想象力，使自己的创新思维立足于更高的平台。一项技术瓶颈的产生往往与我们所掌握的知识受限有关。在这个物质更替飞快的时代，我们不仅要掌握已有的技术，还要通过不断的学习来掌握更先进、更适应发展的技术，才能突破那些瓶颈，才能完成时代赋予我们的创新使命。

4.

深入钻研，改进现有工艺

中国一直都是世界公认的制造大国，但制造大国仅仅只是制造的东西多而广泛，从质量与技术而言，始终入不了强国之列。近几年，中国从"制造"到"智造"的脚步不断加速，自动化、智能化在制造业上的表现十分显著。在工厂的生产全流程相关业务中，工艺工作处于基础与先导地位，工艺如同工厂的灵魂，不完善的工艺在目前状况下只会导致我们的生产效率低下、产品质量不稳定，但在工业4.0环境下，不稳定的工艺规程则会出现预测外错误，使智能工厂终止运行，造成重大损失，所以工艺标准化和精益化是目前大势所趋，是我们面临的根本问题所在。

泱泱大国，人才无处不在。随着社会不断发展进步，各行各业都涌现出了大量的科技人才，他们大部分都是一线工人，但凭着对自己岗位的热爱与执着，凭着对制造业的责任与义务，他们奋斗在各自的岗位上，不懈地钻研与思考，为行业的工艺改进作出了巨大贡献。

李超是在鞍钢的生产车间成长起来的，跟钢铁设备打了快30年交道。1991年，工作才1年多的李超第一次参与了新增翻钢机运输链的安装工程。施工快结尾时，因10多块设备盖板的安装施工图与现场实际不符，并且总装配图也没有显著的位置标高，安装顺序难以确定，老师傅们不得已决定停工，等第二天测量后再安装。

第八章 ◆ 不断学习进取，推动中国制造走向世界最前列

没想到，李超下班后悄悄地把图纸拿回家，一张图一张图地对比、测量，勾画草图，到凌晨两点多，画出了一张标注盖板安放位置、标高、施工顺序的清晰图纸。凭着这张图纸，李超取得了班长的信任。班长让他这个小工指挥盖板的安装。他就在施工现场不断地测量、校准，最终把10多块盖板严丝合缝地安放到设备上。完工后，李超多得了40元钱奖金，工作能力也得到了大家的认可。

2006年，鞍钢冷轧厂的汽车板生产已形成较大规模，但联合机组轧制钢板存在乳液残留问题，使半成品钢卷的锈蚀量不断增加，钢板只能定为三级，这就意味着产品不仅有10%的废品率，其余的90%也只是普通钢板，做不了汽车板。同时，设备能耗高，年耗电量达635万多千瓦时。如果这些问题不解决，鞍钢就无法在竞争激烈的钢材市场中站稳脚跟。

乳液吹扫装置位于轧机出口，是一个油泥堆积严重，噪音高达120分贝的区域。李超带领点检技术人员反复到轧机出口进行勘察、测量。

他发现，当时国外普遍采用平面高压空气吹扫技术强力吹扫堆积的大量乳液，但"不好使"。李超大胆调整思路，改事后集中吹扫为事先预防、分区吹扫，对轧机出口每个甩带乳液的源头先进行强力阻拦，再对带钢表面进行强力吹扫。

2006年12月，这套装置在2#线联合机组正式投入使用后，运行平稳可靠，冷轧板板面清洁度有了大幅度提高，钢板的表面质量等级由国三标准一跃达到世界最高的欧五标准。同时，耗电量节省了36%、现场噪音降低了25%，当年就创效近337.30万元。

类似的创新发明在李超的工作中还有很多。工作27年来，李超先后解决生产难题230多项，其中59项成果获厂和鞍钢以上奖

励,创造经济效益约1.3亿元。这些发明获得国家发明专利5项、专有技术4项,国际发明展览会金奖1项,李超也成了名副其实的"工人发明家"。

从最早的传帮带,到现在的创新工作室,李超见证了鞍钢的成长。"现在我们作业区有28个核心技术骨干,还有130多名年轻人,工作范围涉及液压、机械、电子等各个领域。"李超说,"遇到困难时,我们会一起解决。不仅内部切磋,李超也关注国内国外的产业动态,宝钢又引进了什么先进生产线,国外哪篇论文上又提到了什么前沿技术,他都得钻研一番。

李超一直要求团队多为降本增效出主意、想办法。去年,光他带领的创新工作室就立项96个,全都围绕生产遇到的难题展开。他印象最深的是一个连续淬火机组的单体设备总是达不到设计要求,生产的钢卷无法定尺卷边下线,造成了很大的浪费。李超带领团队查资料、改设计,不到一年就完成了重新设计、制造、安装、投产的过程,使钢材成材率提高了1.5%。"别看数值不高,可这条生产线年产量500多万吨,一年就能提高效益300多万元,5年、10年,可有数算!"说起这个,李超自豪极了。

这些年李超获得的荣誉很多:全国劳动模范、全国五一劳动奖章、辽宁省时代楷模、辽宁省五一奖章、鞍钢集团劳动模范,这其中的每一个都是别人梦寐以求的。但在李超眼里,自己并没有什么特别,"我觉得同事们都在钻研、创新,也都取得了很大的成绩。是企业培养,机缘巧合,才让我获得了这些荣誉。"

"荣誉越多,别人对你的期望就越高,自己对自己的要求也越高。"李超承认,有时候真的很累了,可一想到自己身上背负的期望,他就又爬起来接着干。今年李超46岁,正当年。"我要抓紧时间,趁着精力足帮着厂里多搞技术创新,多带出几个接班人,我告诉厂里的年轻人,鞍钢是个培养人才的地方,我就盼着他们青出于蓝胜于蓝。"李超说。

掌握最新的设备与工艺是制胜的法宝。从以往的技术垄断到今天的网络共享，只要我们每个工人都在自己的岗位上注重创新，愿意创新，我们就能生产出更多的、更好的高端产品。高技术、高质量从来都不是外国人的专利，在中国，在今天，工人强大的力量正强势入驻于各个行业，他们将为我国的制造业开辟出一片崭新的天地。

 5.

引入最新科技，开发新产品

时代需要进步，科技需要不断地创新。每项技术都有它的使用期和淘汰期，任何技术都不能承担一个救世主的重任，都不可能一劳永逸。制造业由纯手工向人工智能升级的同时，因循守旧只会阻止我们前进的步伐，丢掉陈旧的思想，向其它国家学习，引入最新科技，我们才能进一步的开发新产品，才能在创新路上少走弯路。

在这方面，任正非是走在前沿的榜样。

> 凤凰科技报道：华为总裁任正非近日表示，华为需要做手机操作系统和芯片，这主要是出于战略的考虑，因为假如这些垄断者不再对外合作的话，华为自己的操作系统可以顶得上。但他同时认为，华为做手机操作系统的同时要优先使用其它厂商的芯片，华为的芯片主要是在别人断粮时做备份用。

大国工人：
中国制造崛起的资本

目前，全球手机操作系统主要是谷歌Android、苹果iOS、微软Windows Phone 8三足鼎立，形成了各自的生态圈，留给其他终端OS的机会窗已经很小。任正非表示，如果说这三个操作系统都给华为一个平等权利，那我们的手机操作系统是不需要的。

任正非明确指出，"华为现在做终端操作系统是出于战略的考虑，如果他们突然断了我们的粮食，Android系统不给我们用了，Windows Phone 8系统也不给我们用了，我们是不是就傻了？

"同样的，我们在做高端芯片的时候，我并没有反对买美国的高端芯片。我认为要尽可能地用他们的高端芯片，好好的理解它。只有他们的芯片不卖给华为的时候，华为就可以大量用自己的芯片，因为尽管华为的芯片稍微差一点，但能凑合用上去。"任正非称。

任正非指出，华为一方面要在芯片领域投入"四亿美元和两万人"进行"强攻"，对于华为来说，海思的定位是"一个重要系统"，是公司长远战略投资。他表示，"海思一定要站立起来，适当减少对美国的依赖。"

但另一方面，华为绝不可以封闭，是一个开放体系，任正非表示，"华为还是要用供应商的芯片，主要还是和供应商合作，甚至优先使用它们的芯片。我们的高端芯片主要是'容灾'用。低端芯片哪个月哪个不用这是一个重大的策略问题，建议大家要好好商量研究"。

任正非强调，"我们不能有狭隘的自豪感，这种自豪感会害死我们。我们的目的就是要赚钱，是要拿下上甘岭。拿不下上甘岭，拿下华尔街也行。我们不要狭隘，我们做操作系统，和做高端芯片是一样的道理，主要是让别人允许我们用，而不是断了我们的粮食。断了我们粮食的时候，备份系统要能用得上"。

根据华为2011年财报显示，华为终端2011年销售收入超过

67 亿美元，终端出货量约为 1.5 亿部，其中智能手机出货 2000 万部。华为终端预计今年智能手机出货量将达 6000 万部，增长率超过 300%，明年或后年华为终端智能手机出货量将超过 1 亿部。

来自皮尤研究中心最新的数据显示，到 2025 年，物联网技术将无处不在，我们很难再找到没有连接互联网的设备，物联网正在以多样化的形式侵入我们的生活。这就意味着我们将进入到全新的互联网时代，也就是说，所有技术共享的时代已经来临。人类的发展其实就是一部创新史，而创新史也就是科技大战。谁掌握了最高端的科技知识与技术，谁就是赢家。自第一次工业革命的开端，人类研发出机器代替手工劳作到如今的移动互联网时代，涌现出无数新科技的火苗，迎来科技的爆发。可以说每一个影响到世界的颠覆性变革，其背后的核心驱动力都是科技。尤其是互联网的今天，小到纳米级机器人，大到 4D 打印创新工厂，新科技将渗透到我们生活的方方面面。人工智能等未来科技将深刻影响到人类生活的每个角落，机器人技术等将极大的改变人类的生产方式。在这种大环境下，我们不仅要自身不断研发新产品，还要引入新科技，向他人学习，向国外学习，从而让我国的制造业朝更好更快的方向发展，这是工人的责任，也是义务。

 6.

探索制造新技术，推动中国制造走向世界最前列

党的十九大报告明确提出要加快建设制造强国，加快发展先进制造业，推动互联网、大数据、人工智能和实体经济深度融合，培育若干世

大国工人：
中国制造崛起的资本

级先进制造业集群，促使制造企业积极转型升级，以抢占未来发展的战略制高点。对于广大工人来说，这是任务，也是时代的呼唤。做好本职工作的同时，我们还要积极探索，刻苦钻研，去寻求更多的更有利于制造业发展的新路子与新方法，从而推动我国制造业快速走向世界前列。

随着国民文化整体素质的提高，各个行业中精英层出不穷，尤其是工人中，一大批人不再是只出力埋头苦干的"力人"，而是既会动手又会动脑的行业专家，他们为了制造业的发展正竭尽全力。

从一名一线电气维修工成长为电气"华佗"，带领同事们完成100多项行业领先的技改创新项目，推进钢管生产线从"联合国"向"中国化"升级。在钢与火的考验中，李刚用奋斗不断诠释着一线产业工人的价值追求。

1990年夏天，刚刚跨出中专校门的李刚来到天津钢管集团股份有限公司，成为一名电气维修工。当时，公司主要设备大都从德、意、美等国引进，安装调试一般由外国专家完成，不准中方人员入内。"要想学到技术，无论如何也要闯过这一关。"好学的李刚经常主动凑上前，看到需要工具就递过去，脏活儿、累活儿抢着干。一来二去，被破例允许进入工作区协助。李刚如饥似渴地学习着，一笔一笔地记录下操作要点。与他同时毕业进厂的同事张学武感叹，积累一年下来，李刚竟整理出十几本、近20万字的学习笔记。正是凭借对技术的痴迷和刻苦钻研的韧劲，他成了厂里最年轻的电气专业技术人员之一。

在一次生产中，设备主板程序故障，造成生产线停机。每停一小时，损失可就是几十万元，怎么办？紧急关头，一直默默积累的李刚主动请缨，连续昼夜奋战20多个小时，终于使设备重新运转起来。从那时起，李刚过硬的技术实力逐渐为大家所熟知。管加工领域常用微米作为测量单位，产品精度只有头发丝的五十分之一。2009年，国际石油企业美孚公司首次在中国采购管线管，要求的产品指标十分苛刻，远在美国石油学会标准之上。

天津钢管公司毅然接下这一订单，并安排李刚负责区域设备的正常运行。他带领同事们大胆摸索，改造设备，以适应严苛的订单要求，6000吨产品如期履约。紧随其后，几万吨的国际合作大单接踵而至，这也为国产管线管打开国际市场铺平了道路。

名师带徒

在生产一线的千锤百炼下，李刚先后领衔完成了"反扣螺纹拧接工艺"等15项重点攻关项目，探索出100多项处于行业领先水平的技术创新成果，为国家创效近亿元。李刚利用闲暇时间，将手中几十万字的笔记整理出来，做成幻灯片，给每个新入职的年轻人讲解。他还依托"李刚劳模创新工作室"，把维修心得、技术笔记和操作规范印发给大家，主动办培训班，义务为青年职工授课。

"有问题，找李刚。"这句话如今成了公司里人尽皆知的流行语。李刚也先后荣获第七届中华技能大奖、全国劳动模范、全国知识型职工先进个人等荣誉。过去，我国石油管材九成以上依赖进口。这些年，李刚带领同事和徒弟们破解多项管加工生产技术垄断，并致力于设备国产化改造。不但提高了效率，而且备件成本只有国外同类设备的四分之一。

海外护航

经过多年筹备，天津钢管公司在美国德克萨斯州投资10亿美元新建的工厂一期投产。作为技术骨干，李刚远赴重洋，从学"洋师傅"到开始带"洋徒弟"。

李刚初到美国的第二天，还没倒过时差，就遇到一个棘手的难题：外方热处理水循环系统无法实现自动控制。尽管从未接触过这类问题，也没有任何技术资料和图纸借鉴，可专门跟电气难

大国工人：
　　　　中国制造崛起的资本

　　题"较劲儿"的他，毅然接受了这项全新的挑战。

　　到美国第一个月，李刚几乎每晚窝在公寓编写液位控制软件程序。经他"神来之手"，不但热处理水循环系统实现了液位自动控制，还增加了无线监控。中国工人的智慧令外方赞叹不已。那段日子里，李刚带领电气、机械方面技术支持人员，先后解决了水循环、车丝机、高温炉等24项主要设备问题。他还与公司计控中心及浙江大学技术人员一道，现场研发物料跟踪识别系统及信息化生产管理系统，进一步提高了美国项目的信息化水平。

　　李刚说，当"洋徒弟"们听说他在一个公司工作了长达28年时，都特别惊讶。"我告诉他们，中国有一句老话叫'艺痴者技必良'，这种执著正是中国'工匠精神'的体现，我要把这种精神带到海外。"

　　如今，美国项目通过了美国石油学会API认证，拿到了进入市场"金钥匙"，成为中国无缝钢管在美国市场上的一张名片。

"中国制造"已经是世界上无人不知的品牌，但是"中国智造"和"中国创造"目前还并不响亮。这需要我们工人在工作中不断地开发新产品，创造更多的先进于其他国家的产品，让世界各国都能在每个行业看到最高端、最实用、最完美的"中国创造"。这个目标并不高远，但是这个目标又含有太多的嘱托与期望。能不能挑起"中国创造"的大梁，依赖于我们广大工人持续努力和创新。如果说每个行业中有一个或几个工人能够把自己的行业做到无人能及，做到世界第一，那么按我国有4亿工人计算，每年该是有多少个世界第一出现！当然由于历史各种原因，或许目前还不可能达到这个发展速度，但是纵观全国，纵观制造业的发展，我们有理由相信，中国不久将成为世界上最强的制造国，世界各国都将离不开"中国制造"，世界各国都将向往"中国创造"。

参考文献

[1] 李淑玲.工匠精神 敬业兴企,匠心筑梦[M].北京:企业管理出版社.2016,08.

[2] 李志华.好员工不仅仅会工作[M].北京:中国商业出版社.2013,04.

[3] 刘敏.工匠精神:让工作成为一种修行[M].北京:中国言出版实社.2016,09.

[4] 央视新闻网 http://news.cctv.com

[5] 网易新闻网 http://news.163.com

[6] 人民网 http://cpc.people.com.cn

[7] 央广网 http://news.cnr.cn

[8] 搜狐网 http://m.sohu.com

[9] 光明网 http://news.gmw.cn

[10] 新华网 http://www.xinhuanet.com

[11] 人民政协网 http://www.rmzxb.com.cn

敬 启

本书在编写过程中,参考和引用了一些资料,由于联系上的困难,我们未能和部分作品的作者取得联系,对此深表歉意,敬请原作者见到本书后,及时与本书编者联系,以便我们按照国家有关规定支付稿酬并赠送样书。联系电话:010-56358618 联系人:李编辑